非对称大跨度索承空间结构设计关键技术

KEY TECHNIQUES FOR DESIGH OF ASYMMETRIC LONG SPAN
CABLE SUPPORT SPACE STRUCTURE

李 治 编著

中国建筑工业出版社

图书在版编目（CIP）数据

非对称大跨度索承空间结构设计关键技术＝KEY
TECHNIQUES FOR DESIGH OF ASYMMETRIC LONG SPAN
CABLE SUPPORT SPACE STRUCTURE/李治编著. —北京：
中国建筑工业出版社，2022.12
ISBN 978-7-112-28044-5

Ⅰ.①非… Ⅱ.①李… Ⅲ.①体育场-屋顶-缆索-
支承-大跨度结构-结构设计 Ⅳ.①TU765

中国版本图书馆 CIP 数据核字（2022）第 181454 号

大跨度空间结构是目前体育馆类项目应用最多的结构类型，研究体育场馆类项目的大跨度空间结构技术，可显著提升项目的技术水平，降低工程项目的成本，具有极大的应用前景。第七届世界军运会主赛场体育场屋盖为非对称大跨度索承空间结构，是国内外已建成体育场馆中，首座采用该结构形式的体育场建筑。作者及其结构设计团队针对该项目开展了一系列相关研究，研发了关于非对称索承空间结构设计与分析的关键技术，解决了设计中的重难点问题。归纳概括为非对称大跨度索承空间结构体系设计要点、节点无滑移连续折线下弦径向索结构设计技术、非对称索承空间结构初始预应力状态的设计方法、非对称车辐式索承空间结构计算分析及非对称车辐式索承空间结构施工模拟分析。本书可供建筑结构设计工程师及高等院校土木工程专业师生参考。

责任编辑：刘瑞霞 梁瀛元
责任校对：张惠雯

非对称大跨度索承空间结构设计关键技术
KEY TECHNIQUES FOR DESIGH OF ASYMMETRIC LONG SPAN
CABLE SUPPORT SPACE STRUCTURE
李 治 编著

*

中国建筑工业出版社出版、发行（北京海淀三里河路 9 号）
各地新华书店、建筑书店经销
霸州市顺浩图文科技发展有限公司制版
天津翔远印刷有限公司印刷

*

开本：787 毫米×1092 毫米 1/16 印张：8¾ 字数：145 千字
2022 年 12 月第一版 2022 年 12 月第一次印刷
定价：**40.00** 元（含增值服务）
ISBN 978-7-112-28044-5
（40093）

前　言

　　大跨度空间结构是目前体育场馆类项目应用最多的结构类型。大跨度建筑及作为其核心的空间结构技术的发展状况是一个国家建筑科技水平的重要标志之一。从国内外工程实践来看，大跨度建筑多采用各种形式的空间结构体系。近二十余年来，各种类型的大跨度空间结构在美、日、欧等发达国家和地区发展很快。建筑物的跨度和规模越来越大，目前，跨度达 200m 以上的超大规模建筑已屡见不鲜；结构形式丰富多彩，采用了许多新材料和新技术，发展了多种新的空间结构形式。

　　在我国建筑业，体育场馆类项目需求逐渐增大。随着人们建筑审美标准的不断提高，建筑的表现形式也越来越自由与多样，设计、施工难度较大的异形建筑和规模庞大的建筑群体不断涌现。在这样的市场背景下，研究体育场馆类项目的大跨度空间结构技术，可显著提升项目的技术水平，降低工程项目的成本，具有极为广阔的应用前景。

　　第七届世界军运会主赛场（即东西湖体育中心，后更名为武汉五环体育中心，以下均同）体育场屋盖为大跨度结构，采用了非对称索承空间结构形式，是国内外已建成体育场馆中，首座采用非对称索承空间结构屋盖的体育场建筑，设计和施工均极具挑战性。由于其非对称性，国内外均没有案例作为借鉴和参考，作者及其结构设计团队针对该项目开展了一系列相关研究，研发了关于非对称索承空间结构设计与分析的关键技术，解决了设计中的重难点问题。从项目实施的效果来看，由于其用钢量较低等优点，获得了显著的经济效益。2019 年 10 月在该体育场馆成功举办了第七届世界军人运动会，体育场的建筑形式及效果得到了世界各国友人的高度赞赏，并得到了媒体的广泛关注和一致好评。该关键技术成果在第七届世界军人运动会主赛场（武汉五环体育中心体育场）、第七届世界军人运动会主会场（武汉体育中心体育场）、赤壁体育中心体育场和体育馆、上杭体育中心体育场等一系列工程中成功应用，取得了显著的社会效益和经济效益。2020年10月，"第七届世界军运会主赛场结构关键技术"通过住建部科技计划项目审查，成功立项。并于2022年7月通过住建部验收，其中非对称索承空间结构设计关键技术是最具技术含量且最重要的部分。

全书对该关键技术进行了详尽论述，共分为5章。第1章介绍了非对称大跨度索承空间结构体系的设计要点及相关实例。第2章给出了节点无滑移连续折线下弦径向索结构中索夹与径向索摩擦系数 μ 的计算公式和推导过程。第3章介绍了环索、径向索索力合理配置的计算分析方法以及一种快速确定非对称索承空间结构初始预应力状态的设计方法。第4章重点介绍了非对称车辐式索承空间结构计算分析中的要点，并以第七届世界军运会主赛场体育场为例详细说明。第5章论述了在设计阶段进行非对称车辐式索承空间结构施工模拟分析的必要性，还介绍了如何进行施工模拟分析。本书的主要内容与设计实践结合紧密，可以直接运用于工程设计，是工程技术人员在类似体育场馆屋盖设计时的有益借鉴和参考。

书中主要内容来自作者及其结构设计团队的设计、科研成果，团队中的涂建、王红军、曹凯等为该成果的主要研发人员，同时感谢中信建筑设计研究总院有限公司陆晓明、武身军、郭雷、范天宸等对结构设计团队的帮助和支持。书中第5章介绍的有关科研成果，由作者及其结构设计团队和中国建筑第八工程局有限公司、中国建筑土木建设有限公司、中国航天科工集团有限公司的有关人员共同完成。本书还借鉴了有关专家学者的科研成果，在此一并致谢。

本书的顺利出版得到了中信建筑设计研究总院有限公司和中国建筑工业出版社各位领导、专家的大力支持，在此表示衷心的感谢！

由于作者水平有限，不妥、疏漏之处在所难免，敬请广大读者不吝指正。

李 治
2022年8月于武汉

目　　录

第1章　非对称大跨度索承空间结构体系 ················· 1

1.1　非对称大跨度索承空间结构形态设计要点 ············· 2

1.1.1　非对称大跨度索承空间结构形式 ············· 2

1.1.2　非对称大跨度索承空间结构的受力特点 ········· 4

1.1.3　非对称上弦杆和水平线的夹角 ············· 4

1.1.4　非对称下弦径向索与水平线夹角 ··········· 5

1.1.5　环桁架下弦环索标高 ················· 5

1.1.6　外环梁 ····················· 6

1.2　设计实例介绍 ····················· 6

1.2.1　项目概况 ····················· 6

1.2.2　体育场结构设计概况 ················· 9

1.2.3　体育场非对称索承空间结构体系及受力特点 ········ 11

1.2.4　非对称上弦梁、下弦径向索和水平线的夹角设计 ····· 16

1.2.5　外环梁设计 ··················· 16

1.2.6　典型节点设计详图介绍 ··············· 17

第2章　节点无滑移连续折线下弦径向索结构 ············· 19

2.1　下弦径向索设计为连续折线形的优点 ············· 20

2.2　如何确定撑杆长度和折线角度 ··············· 20

2.3　折线转折节点处无滑移设计 ··············· 22

2.4　设计实例介绍 ··················· 23

第3章　非对称索承空间结构初始预应力状态设计 ··········· 25

3.1　传统初始预应力状态设计方法的局限性 ············ 26

3.2 环索与径向索索力的比例关系 ·· 27

3.3 初始预应力状态设计目标选定 ·· 28

3.4 初始预应力状态的确定 ··· 30

3.5 实例应用分析 ··· 33

第4章 非对称车辐式索承空间结构计算分析 ·································· 39

4.1 结构设计条件和控制指标 ·· 40

4.1.1 设计信息 ··· 40

4.1.2 荷载信息 ··· 40

4.1.3 材料信息 ··· 45

4.1.4 结构控制指标 ··· 45

4.2 施加初始预应力 ··· 46

4.3 结构静力弹性计算及初始预应力状态与荷载状态对比分析 ············· 60

4.3.1 结构自振振型与周期分析 ·· 60

4.3.2 结构静力弹性计算分析 ·· 62

4.3.3 初始预应力状态与荷载状态对比分析 ································· 79

4.4 结构稳定性分析 ··· 81

4.4.1 线性屈曲分析 ·· 81

4.4.2 非线性屈曲分析 ··· 82

4.5 罕遇地震作用下的弹塑性时程分析 ·· 84

4.5.1 材料本构关系 ·· 84

4.5.2 结构构件的性能评价方法 ·· 86

4.5.3 建立弹塑性分析模型 ··· 87

4.5.4 罕遇地震动力弹塑性时程分析 ·· 87

4.5.5 弹塑性时程分析结果 ··· 99

4.6 结构抗连续倒塌设计 ·· 101

4.6.1 简述 ··· 101

4.6.2 分析方法 ·· 102

4.6.3 分析步骤 ·· 102

4.6.4 分析假定及结果 ··· 102

4.6.5 结论 ··· 104

第5章 非对称车辐式索承空间结构施工模拟分析 ································· 107

5.1 设计阶段进行施工模拟分析的必要性和目的 ······················· 108

5.2 施工方案假定 ·· 109

5.3 吊装过程施工模拟分析 ··· 111

5.4 索系张拉方案施工模拟分析 ····································· 115

参考文献 ·· 130

第1章

非对称大跨度索承空间结构体系

索承空间结构具有用钢量少、造型轻盈美观、便于工业化制造装配、绿色低碳、可持续发展等优点。一般情况下，索承空间结构为双轴对称形式，但在实际工程中，由于建筑造型、使用功能等要求，屋盖可能为非对称结构。非对称大跨度索承空间结构和对称布置的索承空间结构相比，在设计上主要需要考虑：（1）如何使非对称结构受力相对合理；（2）如何在索承部分非对称时，充分发挥环桁架下弦环索力学上的空间作用；（3）外环梁在某些工况下可能存在受压现象，结构设计如何考虑其不利影响。可以看出，这类非对称屋盖结构采用索承空间结构时存在很大的设计难度，需要提出一种新型的非对称大跨度索承空间结构体系来解决上述问题。

1.1 非对称大跨度索承空间结构形态设计要点

根据多个工程项目的设计实践，并总结空间形态找形分析的结果，形成了针对非对称大跨度索承空间结构体系的设计要点[1]，详述如下。

1.1.1 非对称大跨度索承空间结构形式

非对称大跨度索承空间结构形式如图 1.1～图 1.3 所示。

从以上整体结构轴测图、立面图和环桁架轴测图可知，该结构体系主要包

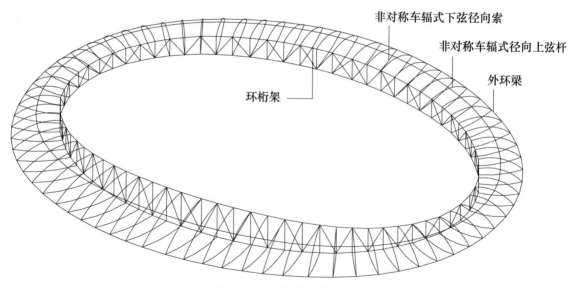

图 1.1 整体结构轴测图

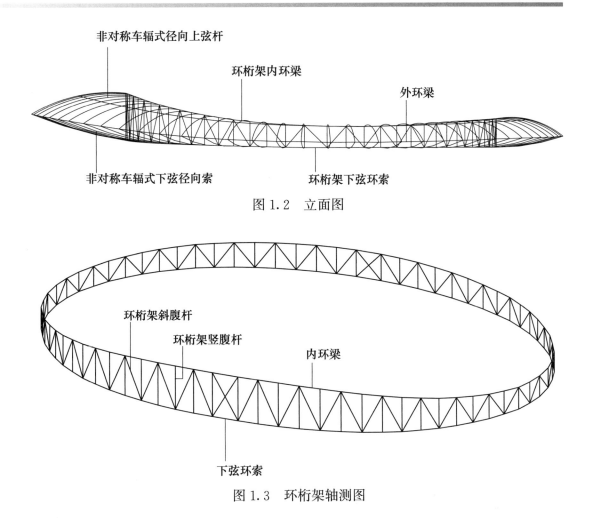

图 1.2 立面图

图 1.3 环桁架轴测图

括以下若干部分：环桁架，包括环桁架下弦环索、内环梁和设于环桁架下弦环索和内环梁之间的多根不同长度的环桁架竖腹杆。环桁架竖腹杆两端分别与环桁架下弦环索和内环梁铰接，相邻环桁架竖腹杆之间设有斜腹杆。斜腹杆的一端连接其中一环桁架竖腹杆的底端，另一端连接另一环桁架竖腹杆的顶端，也可以不设置斜腹杆。外环梁环绕环桁架，非对称车辐式径向上弦杆一端连接内环梁并支撑于该处的环桁架竖腹杆，另一端连接外环梁。非对称车辐式下弦径向索位于非对称车辐式径向上弦杆下方，其最低点与环桁架下弦环索连接，连接点位于环桁架竖腹杆与环桁架下弦环索连接处，非对称车辐式下弦径向索的最高点与外环梁连接，连接点位于非对称车辐式径向上弦杆与外环梁的连接处。非对称车辐式径向上弦杆、非对称车辐式下弦径向索通过环桁架下弦环索、内环梁和外环梁形成一个环形空间结构。环桁架下弦环索、内环梁和外环梁在平面上投影为圆形或椭圆形。

1.1.2　非对称大跨度索承空间结构的受力特点

该体系的受力特点有：非对称径向上弦杆、环桁架竖腹杆、内环梁受压；下弦径向索、环桁架下弦环索受拉，外环梁由于结构非对称可能受压或受拉；为提高整体抗扭刚度，在环桁架下弦环索和上部内环梁之间设置斜腹杆或拉索形成环桁架；在非对称车辐式径向上弦杆中点之间设置环向连系杆件，解决上弦杆侧向稳定问题，加强结构整体性。

非对称上弦杆可以设计为弧形杆，弧线设计可使上弦受弯构件变为轴力构件，从而可取消传统车辐式索承网格结构中的撑杆，将传统上弦网格结构的受弯构件全部转化为轴力杆件，使结构更加简洁美观。

非对称上弦杆产生的轴向推力通过内环梁、外环梁及下弦径向索、环桁架下弦环索形成空间自平衡结构，充分利用环形空间结构的整体受力特性，既简化了非对称结构，又使受力合理，明显降低用钢量。其优越的受力特点使设计达到了建筑美观、结构简洁、受力合理、节约材料的目的。

1.1.3　非对称上弦杆和水平线的夹角

如图 1.4 所示上弦杆两端连线与水平线夹角不能太小，否则上弦杆不会以轴力为主，导致内环梁、外环梁及下弦径向索、环桁架下弦环索无法形成空间自平衡结构。另外，如果夹角太小，由于受弯曲影响，跨度不同时，上弦杆内力会比以轴力为主时差别大，非对称上弦杆内力差别过大时会影响初始预应力状态的合理确定。合理的夹角应该是多少呢？根据工程实践及研究，夹角 α 大于 10°时非对称上弦杆受力将较为合理。

通过建模，分析应变能随夹角 α 的变化规律[2]，结果如图 1.5 所示。由图 1.5 可知，当夹角 α 大于 10°时，结构应变能和位移处于较合理范围，进一步

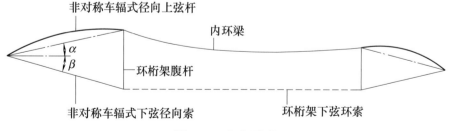

图 1.4　夹角示意

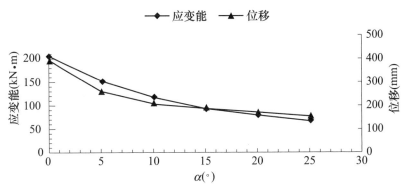

图 1.5 应变能、位移随夹角 α 的变化规律

验证了有关工程经验。

1.1.4 非对称下弦径向索与水平线夹角

下弦径向索两端连线与水平线夹角不能太大也不能太小。角度太大会使矢高太大，影响体育场看台视线，不满足建筑使用功能的要求。角度太小不仅会使矢高过小，还会导致下弦径向索预张力太大，不合理。同样可以通过建模，分析应变能随夹角 β 的变化规律，结果如图 1.6 所示。从图 1.6 可知，夹角 β 为 15°~30°时，结构应变能较低，位移也处于较合理范围，大于 35°时结构应变能过大，说明结构形状已不合理。结合设计经验，建议设计时将夹角 β 控制在 15°~30°范围。

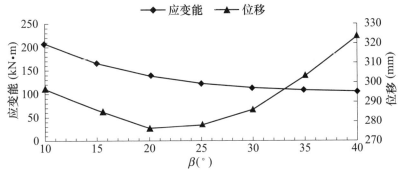

图 1.6 应变能、位移随夹角 β 的变化规律

1.1.5 环桁架下弦环索标高

环桁架下弦环索标高应尽量相等或差别很小，以形成受力合理的结构。这一点应该很好理解，当环桁架下弦环索标高变化较大时，会使与环索相连的构

件产生较多构件轴线垂直向的分力，使结构受力更加复杂。

1.1.6 外环梁

外环梁沿全长应采用等强度连接形式（例如：全熔透焊接、法兰连接等）解决受拉时的可靠性。在外环梁内可设置内隔板增加受压时稳定能力，提高受压极限承载力。这样可同时解决外环梁在不同工况下受力的可靠性。

针对设计要点设计非对称大跨度车辐式索承空间结构，尽管造型上非对称，但结构受力会相对合理，环桁架下弦环索空间作用也将充分发挥，且外环梁设计可靠。使非对称大跨度车辐式索承空间结构成为一种新型的受力合理、结构安全可靠、造价低廉的大跨度空间结构。

1.2 设计实例介绍

1.2.1 项目概况

武汉五环体育中心一场两馆是为迎接 2019 年第七届世界军人运动会和 2021 年武汉市第十一届运动会修建的，可满足承办其他省级、国家级体育赛事及赛后综合利用的要求，是集休闲公共空间和运动功能于一体的综合型建筑。项目严格按照国际体育赛事场馆设施的功能标准进行规划、建设。该项目设计时间为 2016 年 4 月至 2017 年 6 月，2019 年 4 月建成验收。

项目建设场地位于武汉市东西湖区吴家山，金山大道以北、临空港大道以西，周边交通便利。东西湖体育中心建设项目建设用地面积 158123.40m²，净用地面积 138341.32m²，总建筑面积 144160m²，总投资约 19 亿元。体育中心属甲级体育建筑。场地有体育场、综合体育馆、游泳馆、地下车库、覆土车库及配套服务用房、商业平台共 7 个单体。

体育场建筑面积约 3.9 万 m²，地上 3 层、地下 1 层，是第七届世界军人运动会比赛田径及足球项目的主场馆；综合体育馆建筑面积约 2.2 万 m²，地上四层，内场 40m×60m，可满足国内及国际顶级赛事，赛后兼顾商业运营。内场活动座椅约 3000 个，固定看台座椅约 5000 个。其鸟瞰图和总平面图见图 1.7、图 1.8。

图 1.7　第七届世界军人运动会主赛场"一场两馆"鸟瞰图

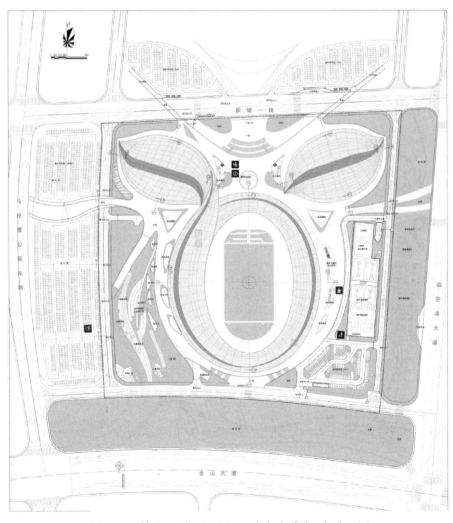

图 1.8　第七届世界军人运动会主赛场总平面图

体育场屋盖为类椭圆形的非对称环形空间结构[2]，结构平面长轴约237.7m，短轴约205.9m，最大悬挑跨度约50m。根据建筑造型、空间使用功能和美观要求，结合结构受力特点，体育场屋盖结构采用了非对称车辐式索承网格结构，其轴测图如图1.9所示，剖面如图1.10、图1.11所示，外环梁下部有混凝土柱支撑。屋盖上部为网格结构，下部由节点无滑移连续折线形径向索、环向索、撑杆构成，其中连续折线径向索共有72榀；环索为空间曲线，平面投影为类椭圆形。柔性拉索体系通过竖向撑杆为上部刚性网格提供竖向支撑；刚性网格起到压环作用，柔性拉索体系张拉后使结构整体形成自平衡体系，其中柔性拉索体系包括径向索和环索。建成后实景如图1.12～图1.14所示。

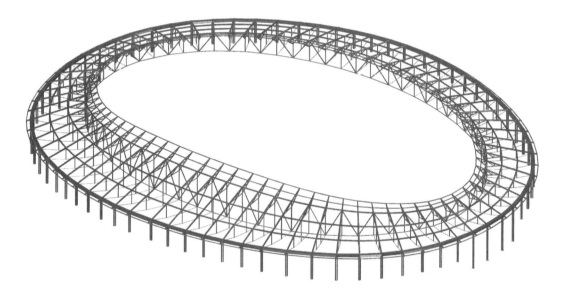

图 1.9 体育场非对称大跨度索承空间结构轴测图

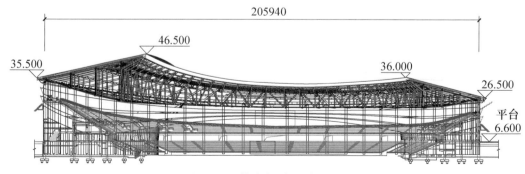

图 1.10 体育场东西剖面图

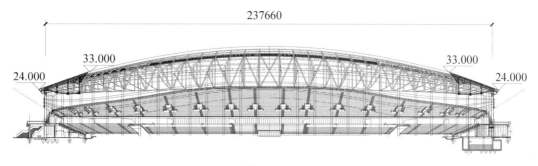

图 1.11　体育场南北剖面图

图 1.12　正面鸟瞰图

1.2.2　体育场结构设计概况

（1）结构类型：钢筋混凝土框架结构（主体）＋非对称车辐式索承网格结构（屋盖）。

（2）抗震设防烈度 6 度，设计基本地震加速度值 0.05g，设计地震分组为第一组，场地类别Ⅱ类，特征周期 0.35s，场地属建筑抗震要求一般地段。抗震设防类别为重点设防类，抗震性能目标为 C 级。

图 1.13　体育场内景图一

图 1.14　体育场内景图二

（3）基础采用后注浆钻孔灌注柱，桩端持力层为⑥层白云岩或⑦₂层中风化泥岩，桩径为800mm，采用桩端、桩侧复式注浆工艺。

（4）混凝土总用量：12万 m³；单位面积混凝土折算厚度：86.68cm/m²；钢材总用量：钢筋1.4万 t，型钢9573t；单位面积钢材用量：钢筋103.36kg/m²，型钢66.48kg/m²。

（5）屋盖钢材、索用量：钢材4213t，索232t；单位面积用量（按展开面积统计）：钢材140kg/m²，索7.7kg/m²。

1.2.3　体育场非对称索承空间结构体系及受力特点

体育场屋盖为非对称索承空间结构，上弦由72榀径向梁组成，径向梁末端为悬挑桁架；环向由一圈外环矩形钢梁和一圈内环桁架以及环向连系梁组成；屋盖下弦结构由撑杆和索组成，撑杆和上弦交接处设置环向连系梁，整个屋盖支承于下部主体结构外围一圈框架柱上，框架柱之间设置一圈钢筋混凝土环梁。钢筋混凝土环梁上方设置屋盖巨型钢环梁，位于各榀径向索支座端部。屋盖钢结构构件和预应力索主要截面信息见图1.15～图1.17及表1.1。

屋盖钢结构构件主要截面　　　　　　　　表1.1

构件编号	截面	材质	备注
GHL1	□1500×1000×50×50	Q345B	焊接箱形截面
SCL1	φ600×32	Q345B	热轧无缝钢管
G1	φ600×20	Q345B	热轧无缝钢管
G2	φ325×18	Q345B	热轧无缝钢管
G3	φ325×16	Q345B	热轧无缝钢管
环向桁架	上弦φ600×32,竖腹杆和斜腹杆φ377×25	Q345B	热轧无缝钢管
环索HS1	6φ110	1670	优质密封索
径向索JS	φ75,φ95	1670	高钒索

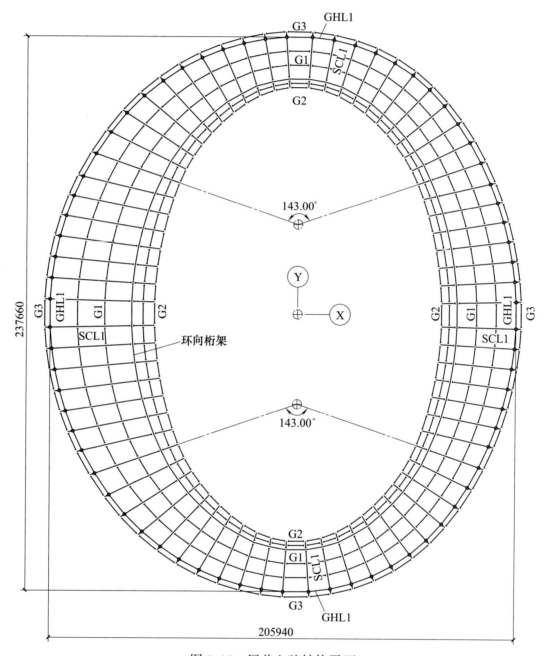

图 1.15　屋盖上弦结构平面

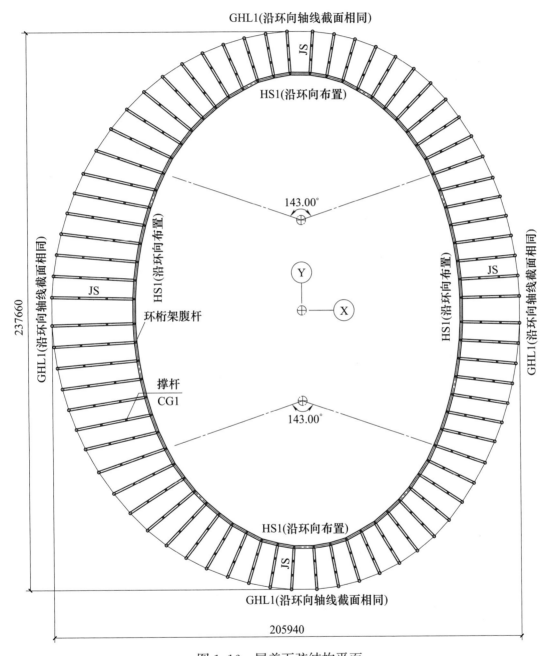

图 1.16　屋盖下弦结构平面

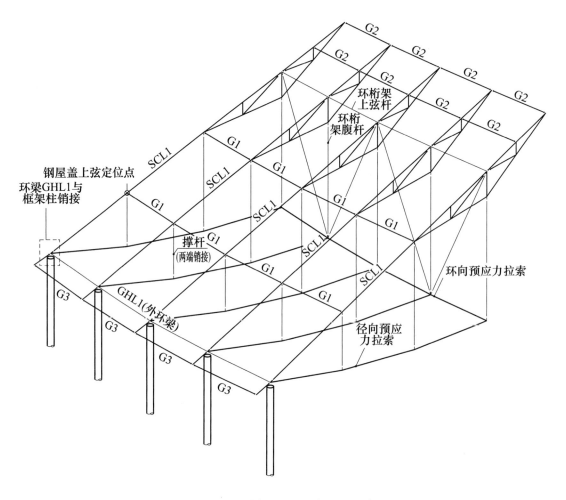

图 1.17　屋盖标准段三维透视示意图

体育场屋盖非对称外形尺寸如图 1.18～图 1.22 所示。

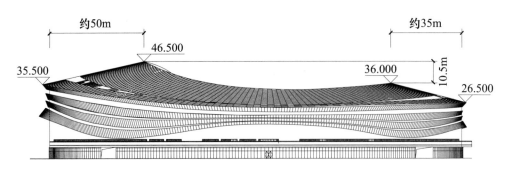

图 1.18　体育场屋盖非对称主要尺寸示意

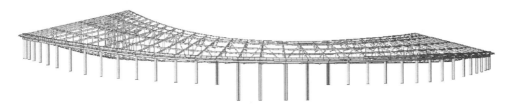

图 1.19 屋盖结构非对称东西立面图

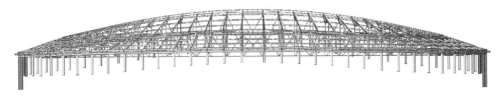

图 1.20 屋盖结构南北立面图

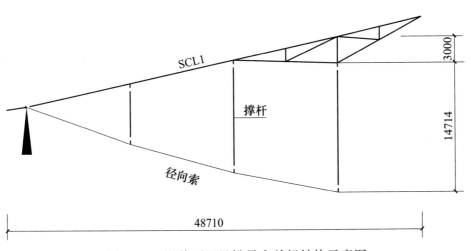

图 1.21 屋盖西区悬挑最大单榀结构示意图

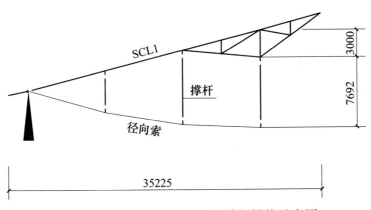

图 1.22 屋盖东区对应悬挑单榀结构示意图

该项目非对称径向上弦杆为直线，成为压弯构件，故将其称为非对称径向梁。为避免弯矩过大，在径向梁中部设置了两个撑杆以减小径向梁跨度。环桁架竖腹杆、内环梁受压。下弦径向索、环桁架下弦环索受拉。上弦梁产生的轴向推力通过内环梁、外环梁及下弦径向索、环桁架下弦环索形成环形空间自平衡结构。

由于外环梁结构非对称，在大部分工况下受拉，个别工况下受压。为提高整体抗扭刚度，在环桁架下弦环索和内环梁之间设置斜腹杆形成环桁架。计算结果表明，该项目不设置斜腹杆，则屋盖结构一阶振型为扭转，不符合结构概念设计的要求。另在非对称车辐式上弦梁撑杆作用点之间设置环向连系杆件，解决上弦梁侧向稳定问题，加强结构整体性。为了不设置屋盖平面内的水平支撑体系，所有连系杆件与上弦梁之间采用刚接连接。

通过非对称施加下弦径向索张拉力，使环桁架下弦环索拉力分布非对称，可以使承受较重环桁架竖腹杆的环桁架下弦环索初始拉力较大，承受较轻环桁架竖腹杆的初始拉力较小，从而实现结构非对称。但在初始张拉后，环桁架下弦环索在环桁架竖腹杆连接点处变形量基本对称，环桁架下弦环索基本在一个标高上，形成受力合理的结构。

1.2.4 非对称上弦梁、下弦径向索和水平线的夹角设计

该项目通过找形分析及各工况计算分析，具体计算方法将在本书第 2 章～第 4 章中详述，同时结合建筑专业的要求，得出非对称上弦梁、下弦径向索和水平线的夹角的合理取值。

非对称上弦梁和水平线的夹角 α 最小为 12.2°，最大为 18.7°。非对称下弦径向索和水平线的夹角 β 最小为 15°，最大为 19.6°。

1.2.5 外环梁设计

外环梁全长应采用等强度连接形式，采用全熔透焊接解决受拉时的可靠性问题。在外环梁内设置了内隔板增加受压时稳定能力，提高受压极限承载力。这样可同时解决外环梁在不同工况下受力的可靠性。根据计算结果，壁厚为 50mm。外环梁剖面如图 1.23 所示。

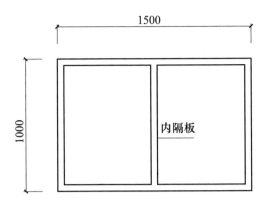

图 1.23 外环梁剖面示意

1.2.6 典型节点设计详图介绍

图 1.24~图 1.26 为典型连接节点示意图。

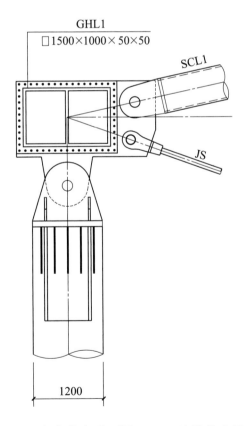

图 1.24 支座节点及环梁 GHL1 连接节点示意图

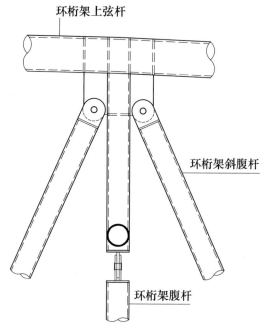

图 1.25　环桁架连接节点示意图

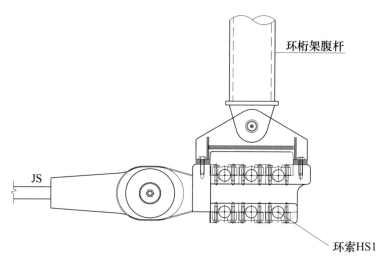

图 1.26　环桁架与环索连接节点示意图

第 2 章

节点无滑移连续折线
下弦径向索结构

2.1 下弦径向索设计为连续折线形的优点

索承空间网格结构下弦径向索的设计中，经常遇到上弦杆跨度较大时在中部设置若干撑杆支承于下弦径向索。传统设计中下弦径向索一般为直线形，在理论上撑杆起不到成为上、下弦的支点作用，撑杆成为多余杆件，如何最大限度发挥撑杆连接上、下弦的作用，成为此类结构的难题。而将下弦径向索设计为连续折线形，则可有效解决这一问题。可以在不增加矢高的情况下，通过调整索预张力和折线角度，达到减小大跨屋盖结构的变形，并提高整体结构稳定安全系数的目的。此时，在撑杆与索相交的折线转折处需采用抗滑移索夹或节点构造措施以实现无滑移。

设计时，根据矢高限值、索预张力及结构变形要求等设计适当的撑杆长度，使索形成折线，从而使撑杆成为上弦钢梁的有效支点。这种连续折线形下弦径向索在不需要增加下弦径向索预张力的情况下，可明显减小大跨度结构的变形，特别适用于非对称大跨度车辐式索承空间结构矢高受建筑使用条件限制无法增加，大跨屋盖变形不能满足要求的情况。下弦径向索设计成连续折线形，同时撑杆与索相交节点应为无滑移索夹节点，这对索夹设计、制作以及张拉施工均有一定技术要求。

下弦径向索设计为连续折线形的优点可归纳如下：连续折线形下弦径向索在不需要增加下弦径向索预张力的情况下，可明显减小大跨度结构变形；与传统直线形下弦径向索结构相比，最大限度发挥了中部撑杆的所用；提高了预应力索的效率；用于矢高受建筑使用条件限制无法增加的非对称屋盖结构时，可控制结构变形；提高了非对称车辐式索承空间结构的整体稳定性；和建筑造型结合可形成优美的下弦曲线。

2.2 如何确定撑杆长度和折线角度

为实现上述目的，需合理确定撑杆长度和折线角度。非对称大跨度索承空间结构下弦径向索设计包括径向上弦钢梁、钢支座、下弦径向索和竖向撑杆等构件的相关设计[3]。一般情况下，上弦钢梁与钢支座铰接，下弦径向索与钢支座铰接，上弦钢梁与所述竖向撑杆铰接，且铰接方向需位于上述构件组成的索桁结构平面内。下弦径向索设计成连续折线形，下弦径向索与竖向撑杆连接于折线转折节点处。如图 2.1～图 2.3 所示，图中 θ 为折线角度。

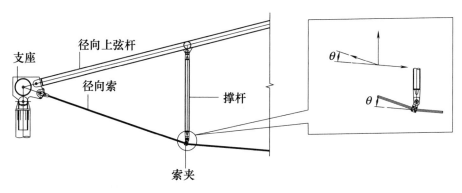

图 2.1　连续折线转折节点与夹角

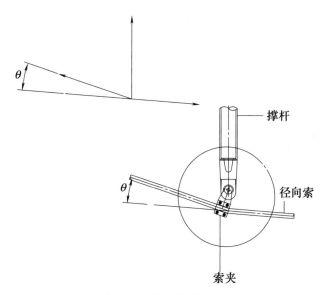

图 2.2　节点夹角定义

为得到合适的撑杆长度和折线角度，可按以下方式执行：

步骤一：确定结构外形，在下弦径向索在未添加初始张拉力的零应力状态下，假定转折节点处径向索夹角 θ（一般取 15°～30°）。计算得到下弦径向索拉力 N_1 及竖向撑杆轴力 N_2。

步骤二：检查下弦径向拉索拉力 N_1 值，是否介于 0.10～0.15 倍拉索破断力之间。如果介于上述范围则进行下一步骤，否则回到步骤一增大径向索夹角 θ，直至径向索拉力 N_1 介于该范围。

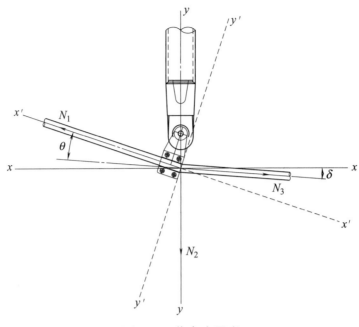

图 2.3 节点力示意

步骤三：完成步骤二后，当全部计算结果满足要求时，则认为确定了下弦径向拉索初始预应力及转折节点处夹角 θ；否则，则需要回到步骤一增大径向索夹角 θ，重新计算，直至各项指标满足要求。

2.3 折线转折节点处无滑移设计

折线转折节点处无滑移可以通过以下方式实现：

根据 2.2 节计算确定的下弦径向索拉力 N_1、竖向撑杆轴力 N_2 以及夹角 θ，可计算出索拉力 N_3；之后可通过计算确定沿径向索索力 N_1 方向转折节点处的不平衡力，此时，索夹与径向索之间的摩擦力须大于上述不平衡力，从而达到无滑移目的。求得上述摩擦力最小值后，除以竖向撑杆与径向索索力 N_1 垂直方向的分力，即得到索夹与径向索摩擦系数 μ 最小值要求，提供给生产索和索夹使用。μ 值计算公式如下：

$$\sum N_x = 0 \qquad N_1\cos(\theta+\delta) = N_3\cos\delta \tag{2.1}$$

$$\sum N_y = 0 \qquad N_2 + N_3\sin\delta = N_1\sin(\theta+\delta) \tag{2.2}$$

求得：

$$N_3 = N_1 \cos\theta - \sqrt{N_2^2 - N_1^2 \sin^2\theta}$$

$$\mu = \frac{N_1 - N_3 \cos\theta - N_2 \sin(\theta+\delta)}{N_2 \cos(\theta+\delta)}$$

2.4 设计实例介绍

以第七届世界军人运动会主赛场体育场非对称索承空间结构为例，说明连续折线下弦径向索结构的设计。

首先根据1.1节，非对称上弦梁和水平线的夹角范围宜大于10°，非对称下弦径向索和水平线夹角的合理范围为15°~30°。建筑设计根据其外部造型设计和看台视线要求，在上述范围内确定夹角。非对称下弦径向索和水平线最小、最大夹角剖面如图2.4、图2.5所示。

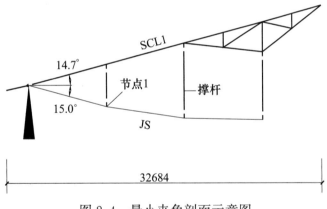

图2.4 最小夹角剖面示意图

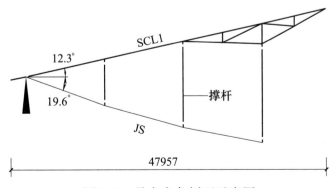

图2.5 最大夹角剖面示意图

　　然后根据第 3 章的计算方法建立有限元模型进行计算分析，当计算结果满足规范及设计要求时，即可取出各节点处下弦径向索拉力 N_1、竖向撑杆轴力 N_2 以及夹角 θ，可计算出索拉力 N_3。否则需要回到步骤一增大径向索夹角 θ，重新计算，直至各项指标满足规范及设计要求。最后根据 2.3 节给出的公式计算 μ 值提供给厂家生产索和索夹。

　　以图 2.4 中节点 1 为例，当计算结果满足规范及设计要求时，$N_1 = 547.3\mathrm{kN}$，$N_2 = 232.3\mathrm{kN}$，$\theta = 7°$，$\delta = 8°$，计算得出 $N_3 = 320.8\mathrm{kN}$。则

$$\mu = \frac{N_1 - N_3\cos\theta - N_2\sin(\theta+\delta)}{N_2\cos(\theta+\delta)} = 0.75$$

第 3 章

非对称索承空间结构
初始预应力状态设计

由于车辐式索承空间结构受力的特殊性，通常可以将此类结构受力状态分为三个阶段，即零应力状态、初始预应力状态和各工况下的荷载状态。零应力状态是指结构在无预应力作用下的平衡状态，是整个结构分析工作的起点，也是初始预应力状态分析的根本依据。初始预应力状态是指施加预应力后维持的一个平衡状态，也是结构最后的平衡状态，这个状态中内力不仅包括预应力效应，还包括结构自重产生的效应。初始预应力状态分析的主要工作就是确定结构在初始预应力状态时的形状和内力分布，这个形态的几何尺寸和各节点标高应与建筑设计的造型基本一致。各工况下的荷载状态是指结构在各种外荷载工况单独作用和组合作用下达到的平衡状态。

因此在进行各工况受力分析前，需先进行初始预应力状态的分析，通过对施工中安装、索张拉过程的模拟分析，完成初始预应力状态的计算[4]。通常需对施工进行反复模拟分析、多次试算，才能找到正确的建筑几何形态和与之相匹配的合理内力分布，然后在这个基础上，进行各工况的计算分析。

3.1 传统初始预应力状态设计方法的局限性

车辐式索承空间结构设计中，经常遇到初始预应力状态难以确定的情况。常用的传统初始预应力状态的设计方法有两种：微积分解析法和非线性有限元试算法。微积分解析法适用于几何尺寸、荷载分布均为双轴对称的结构，方便计算确定拉索的初始预张力。而车辐式索承网格结构在实际工程中由于坐标、荷载均可能非对称且情况复杂，很多情况都无法通过解析法计算确定。非线性有限元试算法是车辐式索承网格结构确定拉索预张力最常用的方法，但是由于需要反复多次调整，迭代计算，非常繁琐且耗时巨大。

当索承空间结构为非对称结构时，平面投影尺寸也非对称，这就给初始预应力的确定带来更大的困难。因为结构非对称，径向索的初始预应力的设计会比较复杂，初始预应力张拉到位后，下弦各点的标高控制也会比对称结构复杂很多。按照传统初始预应力状态的设计方法计算，在这种情况下，其迭代计算调整工作量会非常巨大，在实际工程设计中无法满足要求。基于此，有必要提出一种快速且简便的初始预应力状态的确定方法，以提高车辐式索承空间结构设计效率。

3.2　环索与径向索索力的比例关系

不论对称与否，车辐式索承空间结构通常由刚性网格、柔性拉索体系、竖向撑杆组成，其中柔性拉索体系通过竖向撑杆为上部刚性网格提供竖向支撑；刚性网格起到压环作用，柔性拉索体系张拉后使结构整体形成自平衡体系，其中柔性拉索体系包括径向索和环索。在车辐式索承空间结构初始预应力状态设计过程中，环索与径向索索力的比例关系至关重要，关系到索承空间结构初始预应力状态是否合理。本书提出一种初始预应力状态的确定方法，该法的关键之一是确定合理的环索与径向索索力的比例关系，再在此基础上，确定环索与径向索索力的大小。那么合理的环索与径向索索力的比例关系是多少呢？

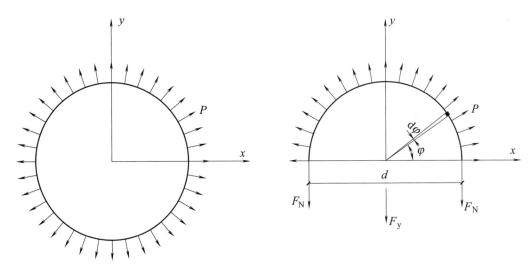

图 3.1　圆环在均匀径向拉力下受力示意

可以先设定一个理想圆环均匀受力状态，如图 3.1 所示，圆环在均匀拉力下处于平衡状态时，在包含圆环轴线的任一径向截面上，作用有相同的拉力 F_N。为求该拉力，可假想将圆环一分为二，半环上的单位径向拉力 P 沿 y 方向的合力为

$$F_y = 2F_N = \int_0^\pi P\,\frac{d}{2}\sin\varphi\,\mathrm{d}\varphi = \frac{Pd}{2}\int_0^\pi \sin\varphi\,\mathrm{d}\varphi \qquad (3.1)$$

可得

$$F_{N} = \frac{d}{2}P \qquad\qquad (3.2)$$

实际工程中为 n 个沿环向分布的径向拉索，假定每个拉索的力均相等，即圆环均匀受拉，则 F_{N} 为环索拉力，N_{i} 为径向索拉力，当 n 足够大且位于合理范围时，可近似认为

$$N_{i} = \frac{\pi d P}{n} \qquad\qquad (3.3)$$

代入式（3.2），得

$$F_{N} = \frac{n}{2\pi}N_{i} \qquad\qquad (3.4)$$

实际工程中一般沿周长每 10°以内会布置一根径向索，故 $n > 36$，设计初次确定环索与径向索索力时，可按 $n = 36$ 进行估算，此时可得到平衡状态时理想圆形环索与径向索索力的比例为 $n/2\pi = 5.73$。

设计非对称车辐式索承空间结构初始预应力状态时，初次确定的环索与径向索索力比例最大值不宜大于上述圆形理论值过多。一般在工程设计中以不超过 20% 为宜，否则会产生过大的不平衡力，影响计算分析效率，建议取 6.5。最小值也不宜偏离过多，建议取 5.5。因此，为了尽量减少非对称结构不平衡力的影响，在实际工程设计中可以按下述原则确定非对称车辐式索承空间结构环索与径向索索力的关系。最小径向索索力的 6.5 倍为对应节点处环索索力，最大径向索索力的 5.5 倍为对应节点处环索索力，其余节点处按上述原则在 5.5～6.5 倍插值确定环索索力。

3.3 初始预应力状态设计目标选定

初始预应力状态设计实质上是找形的过程，以结构的合理受力作为目标，研究空间结构的几何形状与内力分布之间的合理关系，寻求一种合理、高效的结构形态，实现建筑造型和功能的需求。

几何形状的目标，显然与建筑造型密不可分，通过建筑形式与结构合理受力的统一，可以实现力学逻辑清晰的建筑形式。因此结构找形分析是一个与建筑形式设计互动的过程，当两者达到基本统一后，根据大量空间结构设计实践的经验，可以以与建筑外形误差在 2‰范围之内为初始预应力状态设计时建筑

形式的目标。

非对称车辐式索承空间结构初始预应力状态内力分布的控制目标有两个，一个是环索与径向索索力的比例关系，这个和前述的初始估算值的含义是不同的，因为这是通过非线性有限元计算后的初始预应力状态的最终索力分布，需要考虑非对称的影响，可近似认为最小值为 5.5 倍，最大值为 $1.5 \times 6.5 \approx 10$ 倍。另一个是径向索索力在平面投影上的合理分布形式，如图 3.2 所示。

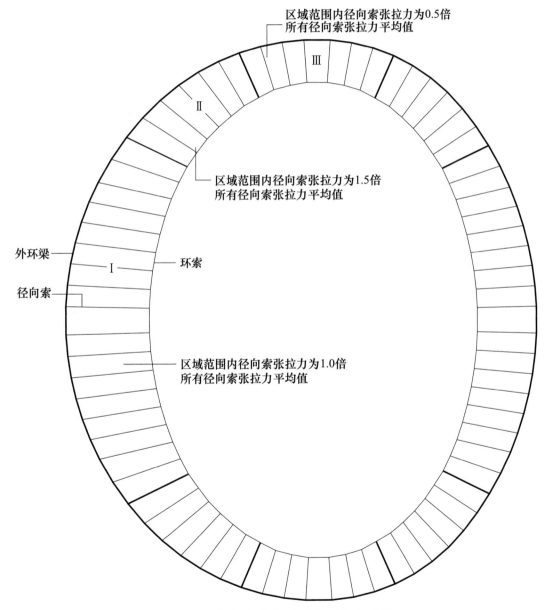

图 3.2　径向索索力平面合理分布示意

从图 3.2 可以看出，径向索索力在角部最大（Ⅱ），在椭圆跨度小的边部最小（Ⅲ），在椭圆跨度较大的边部为平均值（Ⅰ）。

初始预应力状态设计时应该采用的荷载组合，应遵循下述原则：（1）后续计算分析各工况下的最大索力不应大于 0.5 倍索破断力，且不应退张；（2）兼顾经济性。据此原则，可根据抗震设防烈度和基本风压而分别采用不同荷载组合。当抗震设防烈度 6 度且 100 年重现期风荷载不大于 0.5kN/m² 时，确定初始预应力状态计算分析时采用自重组合即可；对于抗震设防烈度 8 度且 100 年重现期风荷载不小于 0.75kN/m² 时，确定初始预应力状态计算分析时可采用标准组合。处于上述两种情况之间的工况，确定初始预应力状态计算分析时可考虑采用准永久组合。

3.4 初始预应力状态的确定

根据车辐式索承空间结构所受自重（含屋面永久荷载，下同）或按 3.3 节的原则选定的荷载组合，计算得到车辐式索承网格结构中的径向索和环索节点处荷载值。通过静力平衡原理近似得出径向索和环索索力。

建立有限元结构计算模型，结构在无索预张力状态时，自重或按 3.3 节的原则选定的荷载组合作用下经静力计算结构达到平衡状态，得到此时径向索和环索索力分布情况。

将上述得到的结果进行比较，按较大值确定径向索和环索的预张力，根据预张力确定径向索和环索直径，并将对比得到的初始预张力输入有限元结构模型。具体步骤如下：

步骤一：根据车辐式索承网格结构所受自重（含屋面永久荷载，下同）或按 3.3 节的原则选定的荷载组合，计算得到车辐式索承网格结构中的径向索和环索节点处荷载值，及竖向撑杆轴力 N_3（图 3.3、图 3.4）。当同时存在竖向撑杆和斜腹杆时，在确定初始预张力阶段时可以偏于安全地认为荷载全部集中于竖向撑杆。

步骤二：根据建筑外形及 2.2 节的方法确定径向索与水平线夹角 α，利用步骤一得到的竖向撑杆轴力值 N_3，通过径向索和环索节点局部静力平衡原理初步得出自重下各径向索初始预张力估算值 $N_2 = N_3/\sin\alpha$；得到各径向索索

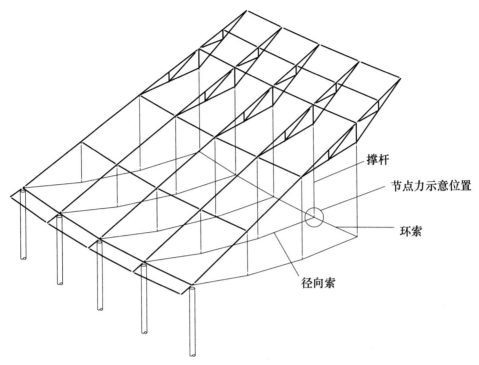

图 3.3 节点在整体空间结构中的位置

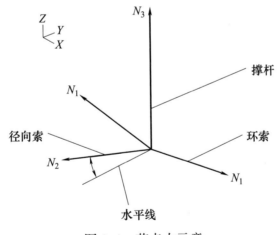

图 3.4 节点力示意

力 N_2 后，最小径向索索力乘以 6.5 倍为对应节点处环索索力 N_1，最大径向索索力乘以 5.5 倍为对应节点处环索索力 N_1，其余节点处按 5.5～6.5 倍插值确定环索索力。

步骤三：建立有限元结构计算模型，结构在无索预张力状态时，自重或按 3.3 节的原则选定的荷载组合作用下经静力计算结构达到平衡状态，此时得到径向索的索力 N_1' 和环索的索力 N_2' 分布情况。

步骤四：将上述步骤二和步骤三得到的结果 N_1、N_2、N_1'、N_2' 进行比较，按较大值确定径向索和环索的预张力。根据预张力确定径向索和环索直径，并将对比得到的初始预张力输入有限元结构模型。经几何非线性静力计算后，检查结构形状是否满足建筑外形要求和 3.3 节选定的索力目标。

步骤五：当结构形状不能满足建筑外形要求，或者索力不满足 3.3 节选定

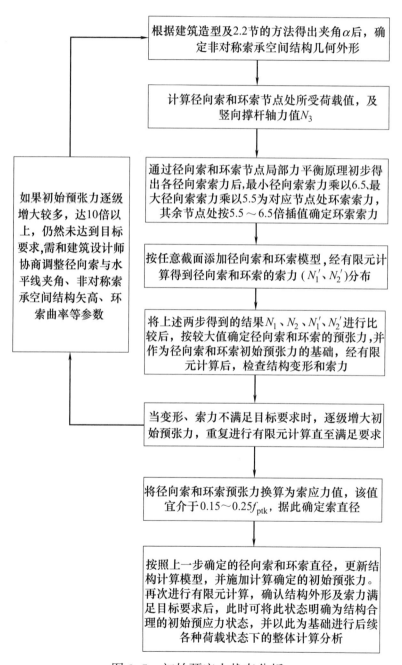

图 3.5 初始预应力状态分析

的索力目标时，以步骤四中对比得到的初始预张力作为基本模数逐级增大。重复进行几何非线性静力计算，直至与建筑外形误差在 2‰ 范围之内并基本满足 3.3 节选定的索力目标时，索力误差在 10% 之内均可接受。确定径向索和环索的预张力，并得到新的径向索和环索直径，从而可确定结构的初始预应力状态。

所述步骤五中如果初始预张力增大较多，达 2 倍以上，仍然未能满足要求时，可通过调整径向索与水平线夹角、索承网格钢结构矢高、环索曲率，使结构形状与建筑外形误差和索力目标达到上述区间范围。

将步骤五中得到的径向索和环索预张力换算为索应力值 σ（$\sigma = N/A$，A 为拉索有效截面面积，$N = N_1$ 或 N_2），如果该应力值位于 $0.15 \sim 0.25 f_{ptk}$（f_{ptk} 为拉索抗拉强度标准值），即可据此确定径向索和环索直径（及有效截面面积 A）。

通过径向索和环索节点局部静力平衡原理初步得出自重或按 3.3 节的原则选定的荷载组合作用下各径向索初始预张力估算值，简单易行。再通过建立结构有限元模型，结构在无索预张力状态时自重或按 3.3 节的原则选定的荷载组合作用下达到平衡状态，此时得到径向索和环索的索力分布情况，避免了繁琐的非线性有限元迭代计算。将两者的结果按较大值确定径向索和环索的预张力，并作为初始预应力状态分析的基础，进行结构整体有限元分析，省去了传统方法的繁琐耗时。初始预应力状态分析步骤可归纳如图 3.5 所示。

3.5　实例应用分析

为进一步说明该方法的实施方式，以第七届世界军运会主赛场武汉五环体育中心体育场非对称车辐式索承空间结构为例，说明其初始预应力状态的确定过程（仅以典型轴线为例作数据说明）。

第 1 步：根据建筑要求，建立结构初始几何模型如图 3.6 所示；并计算自重下竖向撑杆轴力值 N_3。

第 2 步：根据建筑外形及 2.2 节的方法确定并统计径向索与水平线夹角 α，利用竖向撑杆轴力 N_3，初步得出径向索初始预张力估算值 $N_2 = N_3/\sin\alpha$；得到各径向索索力 N_2 后，最小径向索索力的 6.5 倍为对应节点处环索索力 N_1，最大径向索索力的 5.5 倍为对应节点处环索索力 N_1，其余节点处按 $5.5 \sim 6.5$

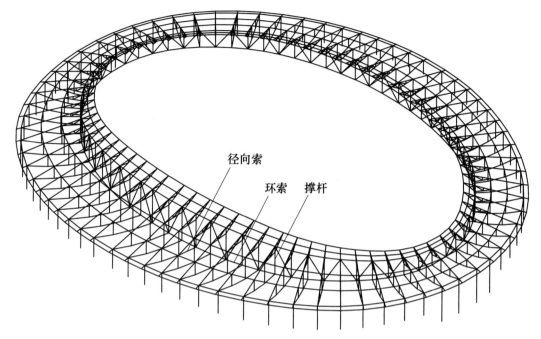

图 3.6　体育场非对称索承空间结构轴测图

倍插值确定环索索力，如表 3.1 所示。

典型轴线径向索和环索初始预张力估算值　　　　　　　　　　表 3.1

轴线	$\alpha(°)$	$N_3(kN)$	$N_2(kN)$	$N_1(kN)$	N_1/N_2
典型轴 1	7.0	85.71	703.26	4571.19	6.5
典型轴 2	10.7	142.86	769.44	4916.72	6.39
典型轴 3	9.0	137.08	876.26	5450.33	6.22
典型轴 4	6.2	142.40	1318.50	7251.75	5.5
…	…	…	…	…	…

　　第 3 步：将结构计算模型竖向撑杆下端固定铰支座删除，按任意截面添加径向索和环索模型，自重作用下经静力计算结构达到平衡状态，此时得到径向索和环索的索力（N_1'、N_2'）分布情况，如表 3.2 所示。

　　第 4 步：将上述两步得到的结果 N_1、N_2、N_1'、N_2'进行比较后，按较大值确定径向索和环索的预张力，并作为径向索和环索初始预张力的基础，将对比得到的初始预张力输入结构模型，逐级增大（例如：1.35 倍、1.7 倍、2.0 倍等），重复进行几何非线性静力计算，直至与建筑外形误差在 2‰范围之内且基本满足索力目标，如表 3.3 所示。

典型轴线径向索和环索索力分布　　　表 3.2

轴线	N_1' (kN)	N_2' (kN)	N_1 (kN)	N_2 (kN)
典型轴 1	6744.4	781.4	4571.19	703.26
典型轴 2	8866.7	916.0	4916.72	769.44
典型轴 3	10931.2	1007.2	5450.33	876.26
典型轴 4	6783.7	1433.2	4786.15	870.21
…	…	…	…	…

典型轴线径向索和环索索力及位移控制　　　表 3.3

轴线	径向索预张力 1.0	环索预张力 1.0	外形误差(mm)（与径向索长之比）	径向索预张力 1.35	环索预张力 1.35	外形误差（与径向索长之比）
典型轴 1	781.4	6744.4	52(1/415)	1054.89	9104.95	40(1/540)
典型轴 2	916.0	8866.7	82(1/470)	1236.6	11970.42	62(1/625)
典型轴 3	1007.2	10931.2	68(1/398)	1359.72	14622.96	52(1/525)
典型轴 4	1433.2	6783.7	49(1/395)	1934.82	9158.05	38(1/513)
…	…	…	…	…	…	…

第 5 步：将上一步中得到的径向索和环索预张力换算为索应力值（$\sigma=N/A$，A 为拉索有效截面面积），如果该应力值位于 $0.15\sim0.25f_{ptk}$，f_{ptk} 为拉索抗拉强度标准值，即可据此确定径向索和环索直径（及有效截面面积 A）。更新结构计算模型，并给其添加上述确定的初始预张力，再次进行几何非线性静力计算，控制结构形状与建筑外形误差在 2‰ 范围之内且基本满足索力目标，此时可将此状态确定为结构基本合理的初始预应力状态，如表 3.4 所示。

通过上述过程得到的索力分布情况，作为索初始预应力的基础，通过有限元软件迭代计算，以结构变形为控制目标确定初始预应力，最终得到结构的初始预应力状态。此时，径向索索力最大为 1796kN，最小为 721kN；环向索索力最大为 15223kN，最小为 10523kN。

图 3.7、图 3.8 分别给出了零应力状态和初始预应力状态时，自重作用下结构的竖向位移[5]。

典型轴线径向索和环索有效截面面积及应力值　　表 3.4

轴线	径向索截面面积（mm²）	径向索应力值（MPa）	径向索应力值 f_{ptk}	环索截面面积（mm²）	环索应力值（MPa）	环索应力值 f_{ptk}
典型轴 1	3432	307.37	0.184	53100	259.8	0.156
典型轴 2	3432	360.32	0.216	53100	341.57	0.205
典型轴 3	3432	396.19	0.237	53100	417.20	0.249
典型轴 4	5398	358.43	0.215	53100	261.32	0.156
…	…	…	…	…	…	…

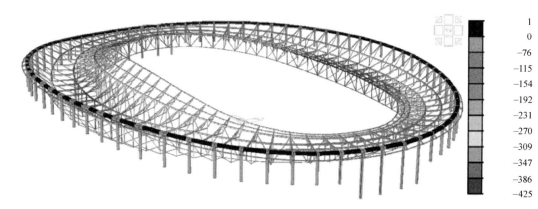

图 3.7　零应力状态时自重作用下结构的竖向位移（单位：mm）

图 3.8　初始预应力状态时自重作用下结构的竖向位移（单位：mm）

从图 3.8 结果中看出,零应力状态时自重作用下结构的竖向位移达到
−425mm。初始预应力状态时自重作用下结构的竖向位移为−188mm。

从零应力状态和初始预应力状态竖向位移的变化可以看出,达到初始预应
力状态后,结构具备一定刚度,可以此为基础进行后续各种荷载状态下的整体
计算分析。

第 4 章

非对称车辐式索承空间
结构计算分析

结构达到初始预应力状态后，整体刚度形成。此时外部荷载的作用使得结构钢构件以及拉索的内力发生变化，通过对比内力变化情况，完成非对称屋盖的计算分析。

下面以第七届世界军运会主赛场体育场非对称大跨度车辐式索承网格结构为例，介绍非对称大跨度车辐式索承网格结构的静力弹性分析和结构稳定性分析。该工程基于 MIDAS Gen 软件建立结构模型，分析非对称大跨度车辐式索承网格结构在规范规定的荷载单工况和组合工况下的内力和变形，对比各荷载工况相对于初始预应力状态的内力变化情况，并对结构整体稳定性进行分析。

4.1 结构设计条件和控制指标

4.1.1 设计信息

根据《建筑结构可靠性设计统一标准》[6] GB 50068—2018 的有关规定，体育场结构设计使用年限为 50 年，耐久性年限为 100 年，安全等级为一级。根据《建筑抗震设计规范》[7] GB 50011—2010（2016 年版）（以下简称《抗规》）的有关规定，该工程抗震设防烈度为 6 度，设计分组为第一组，建筑场地类别为Ⅱ类，特征周期为 0.35s。抗震设防类别为重点设防类（乙类），按 6 度进行抗震计算分析，按 7 度要求采取抗震措施。下部看台主体结构为钢筋混凝土框架结构，抗震等级为二级，钢结构屋盖抗震等级为三级。

4.1.2 荷载信息

1）屋面恒载：$0.7kN/m^2$（考虑金属保温屋面自重）。

2）构件自重：由程序自动计算（考虑节点自重后放大 1.1 倍）。

3）屋面活荷载[8]：$0.50kN/m^2$（活荷载不与雪荷载同时考虑）。

4）马道和悬挂荷载：按活载考虑，按实际位置采用线荷载或点荷载施加，马道灯具、设备等按照相关专业提供荷载施加。

5）屋面天沟荷载：屋面天沟根据实际位置以及天沟尺寸按照满水荷载计算，按照线荷载输入。

6）地震作用

《抗规》及《中国地震动参数区划图》[9] GB 18306—2015 提供的地震动参数（5％阻尼比）如表 4.1 所示。

地震动参数 表 4.1

参数	《抗规》			《中国地震动参数区划图》		
	小震	中震	大震	小震	中震	大震
抗震设防烈度	6 度			0.05g		
地震分组	第一组			—		
地面运动峰值加速度（cm/s²）	18	50	125	16.35	49.05	95.65
场地类别	Ⅱ			Ⅱ		
水平地震影响系数最大值	0.04	0.12	0.28	0.042	0.125	0.244
特征周期（s）	0.35	0.35	0.40	0.35	0.35	0.40

《抗规》确定的水平地震反应谱曲线与《中国地震动参数区划图》确定的地震反应谱曲线比较可知：对于小震和中震，《中国地震动参数区划图》确定的地震反应谱曲线与《抗规》确定的水平地震反应谱曲线相差不大，在工程允许的误差范围内。故小震、中震、大震计算时，采用《抗规》动参数。

结构计算分析时，采用以下方法对地震作用进行计算：

（1）地震反应谱曲线采用《抗规》第 5.1.5 条规定的反应谱曲线。

（2）小震、中震、大震计算时，采用《抗规》参数确定的水平地震反应谱曲线进行计算，用振型分解反应谱法计算地震作用，按 CQC 法组合。

（3）计算地震作用时采用的重力荷载代表值：1.0×恒载＋0.5×活载。

（4）多遇地震下阻尼比分别采用不同材料阻尼比计算，混凝土结构的阻尼比取 0.05，钢结构的阻尼比取 0.02。

（5）考虑到非结构构件，如隔墙或填充墙，对结构刚度贡献的影响，在计算多遇地震作用时，周期折减系数取 0.70，中震、大震计算时周期不折减。

7）风荷载：按风洞试验结果[10] 取值，采用 100 年重现期。本工程为体型复杂、柔性大、阻尼小的大跨度屋盖结构，属风敏感柔性结构，风场特性异常复杂。对于风荷载敏感的大跨结构（或柔性结构），风荷载为结构安全设计的主要控制指标。因此需要进行风洞试验研究及风振分析，为结构安全设计与使用提供科学、合理的风荷载及风效应资料。业主委托武汉大学结构风工程研究所承担该项目表面风压分布及风振分析的研究任务，风洞模型为刚体模型，几何缩尺比为1/200。共布置了1006个测压点，模型底部与连接板固接，连接板与风洞试验段固定于工作转盘，如图4.1、图4.2所示，测点分布如图4.3所示。

图 4.1　风洞试验模型（1）

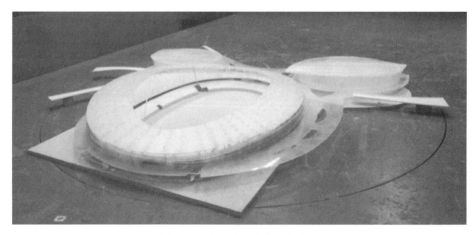

图 4.2　风洞试验模型（2）

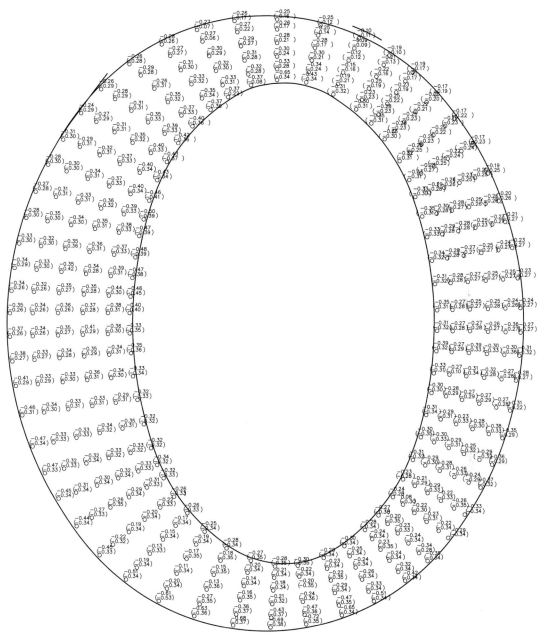

图 4.3 风洞试验模型测压点的分布示意

8）雪荷载：基本雪压为 0.60kN/m²，采用 100 年重现期。

9）温度作用

根据《建筑结构荷载规范》[8] GB 50009—2012 的规定，武汉市基本气温
（50 年重现期的月平均气温）：最低—5℃，最高 37℃；根据武汉市有记录的气
象部门资料显示：最低—18.1℃（1977 年 1 月），最高 41.3℃（1934 年 8 月

10 日）。温度作用的分项系数取为 1.4，基本组合时组合值系数取 0.6，标准组合时组合值系数取 0.4。合拢温度考虑范围为 15～25℃。

（1）对于钢结构，考虑极端气温的影响，基本气温适当增加和降低。

$$T_{min} = [-5℃ + (-18.1℃)]/2 = -11.55℃$$

$$T_{max} = (37℃ + 41.3℃)/2 = 39.15℃$$

考虑到连廊有围护结构，经热工计算，建议室内外温差取为 5℃。由于连廊钢结构类似暴露于室外的结构，考虑太阳辐射的影响，基本气温 T_{max} 增加 6℃。

$$T_{max} = 39.15℃ + 6℃ = 45.15℃$$

故结构的最低平均温度 $T_{s,min}$ 和最高平均温度 $T_{s,max}$ 分别为：

$$T_{s,min} = T_{min} + 5℃ = -11.55℃ + 5℃ = -6.55℃$$

$$T_{s,max} = T_{max} - 5℃ = 45.15℃ - 5℃ = 40.15℃$$

结构最低初始温度：$T_{o,min} = 15℃$

结构最高初始温度：$T_{o,max} = 25℃$

故结构最大升温工况：$[\Delta T]_k = T_{s,max} - T_{o,min} = 40.15℃ - 15℃ = 25.15℃$

结构最大降温工况：$[\Delta T]_k = T_{s,min} - T_{o,max} = -6.55℃ - 25℃ = -31.55℃$

（2）混凝土结构

基本气温：$T_{min} = -5℃$

$T_{max} = 37℃$

混凝土结构当为有围护的室内结构，室内外温差取为 5℃。暴露于室外的部分，则不考虑室内外温差。故结构的最低平均温度 $T_{s,min}$ 和最高平均温度 $T_{s,max}$ 分别为：

$$T_{s,min} = T_{min} + 5℃ = -5℃ + 5℃ = 0℃$$

$$T_{s,max} = T_{max} - 5℃ = 37℃ - 5℃ = 32℃$$

结构最低初始温度：$T_{o,min} = 15℃$

结构最高初始温度：$T_{o,max} = 25℃$

故结构最大升温工况：$[\Delta T]_k = T_{s,max} - T_{o,min} = 32℃ - 15℃ = 17℃$

结构最大降温工况：$[\Delta T]_k = T_{s,min} - T_{o,max} = 0℃ - 25℃ = -25℃$

考虑混凝土开裂引起的结构刚度降低，折减系数取 0.5。结构最大升温差 8.5℃，最大降温差−12.5℃。

4.1.3 材料信息

（1）钢构件[11]：Q345B。

（2）索[12]：索体采用单捻钢丝绳，钢丝绳的极限抗拉强度不小于 1670MPa，弹性模量不小于 $1.60×10^5$MPa。拉索的质量和性能指标满足《建筑结构用索应用技术规程》[13] DG/TJ08—019—2005 的规定，拉索锚具采用冷铸锚，质量和性能指标满足该规范的相关规定。

（3）索夹节点主索夹部位材质：ZG-20Mn（正火回火），并符合《铸钢节点应用技术规程》[14] CECS 235：2008 相关规定。

4.1.4 结构控制指标

1）变形控制

规范没有直接关于车辐式索承空间结构的挠度控制指标的规定，参照《空间网格结构技术规程》[15] JGJ 7—2010 第3.5.1条规定，（1）当按钢屋盖悬挑跨度计算时：$L_1/125=49082/125=392$mm；（2）当按钢屋盖短向跨度计算时：$L_2/250=205000/250=820$mm（L 为屋盖短向跨度，$L>60$m）。偏于安全地按屋盖悬挑跨度计算，取跨度 1/125，为 392mm。

2）长细比控制

杆件长细比控制指标根据杆件受力类型分别为：受拉杆件为 250，受压为 180，压弯为 150，拉弯为 250。

3）应力比控制

杆件最不利荷载组合下的应力比不大于 0.9，支座附近杆件应力比从严控制，按不大于 0.85 控制。

4）索应力控制

拉索初始张拉应力控制在 $0.1～0.25f_{ptk}$ 之间。最不利荷载组合下最小拉应力大于 $0.05f_{ptk}$，最不利荷载组合下最大拉应力小于 $0.5f_{ptk}$。

4.2 施加初始预应力

根据第3章的方法确定了初始预应力状态后，将初始预应力施加到结构模型径向索、环索中。径向索单元编号如图4.4所示，径向索初始预张力值详见表4.2；环索单元编号如图4.5所示，环索初始预张力值详见表4.3。

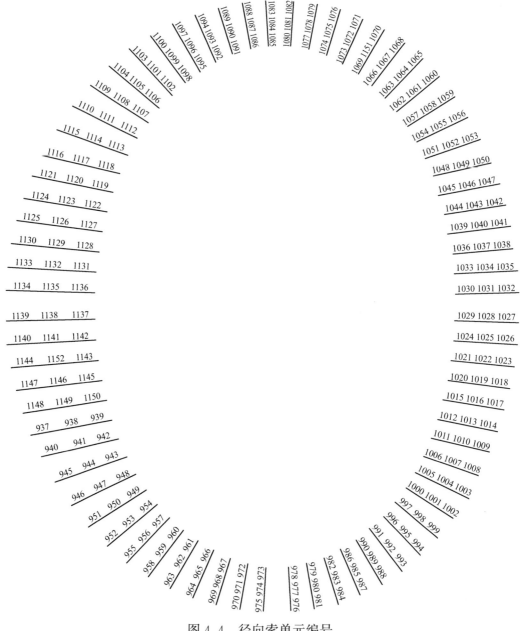

图 4.4　径向索单元编号

径向索预应力　　　　　表 4.2

索单元编号	索规格	索有效直径	张拉完成后索内力(kN)	索最小破断拉力(kN)	张拉完成后索内力/索破断拉力
937	$\phi 75$	64.8	645	4684	0.14
938	$\phi 75$	64.8	624	4684	0.13
939	$\phi 75$	64.8	609	4684	0.13
940	$\phi 75$	64.8	669	4684	0.14
941	$\phi 75$	64.8	647	4684	0.14
942	$\phi 75$	64.8	630	4684	0.13
943	$\phi 75$	64.8	557	4684	0.12
944	$\phi 75$	64.8	573	4684	0.12
945	$\phi 75$	64.8	594	4684	0.13
946	$\phi 75$	64.8	704	4684	0.15
947	$\phi 75$	64.8	677	4684	0.14
948	$\phi 75$	64.8	658	4684	0.14
949	$\phi 75$	64.8	671	4684	0.14
950	$\phi 75$	64.8	689	4684	0.15
951	$\phi 75$	64.8	718	4684	0.15
952	$\phi 75$	64.8	726	4684	0.16
953	$\phi 75$	64.8	696	4684	0.15
954	$\phi 75$	64.8	675	4684	0.14
955	$\phi 75$	64.8	711	4684	0.15
956	$\phi 75$	64.8	679	4684	0.15
957	$\phi 75$	64.8	659	4684	0.14
958	$\phi 75$	64.8	697	4684	0.15
959	$\phi 75$	64.8	664	4684	0.14
960	$\phi 75$	64.8	644	4684	0.14

索单元编号	索规格	索有效直径	张拉完成后索内力(kN)	索最小破断拉力(kN)	张拉完成后索内力/索破断拉力
961	$\phi 75$	64.8	712	4684	0.15
962	$\phi 75$	64.8	733	4684	0.16
963	$\phi 75$	64.8	771	4684	0.16
964	$\phi 75$	64.8	675	4684	0.14
965	$\phi 75$	64.8	640	4684	0.14
966	$\phi 75$	64.8	622	4684	0.13
967	$\phi 75$	64.8	888	4684	0.19
968	$\phi 75$	64.8	913	4684	0.19
969	$\phi 75$	64.8	964	4684	0.21
970	$\phi 75$	64.8	993	4684	0.21
971	$\phi 75$	64.8	939	4684	0.20
972	$\phi 75$	64.8	917	4684	0.20
973	$\phi 75$	64.8	976	4684	0.21
974	$\phi 75$	64.8	995	4684	0.21
975	$\phi 75$	64.8	1050	4684	0.22
976	$\phi 75$	64.8	1085	4684	0.23
977	$\phi 75$	64.8	1031	4684	0.22
978	$\phi 75$	64.8	1015	4684	0.22
979	$\phi 75$	64.8	971	4684	0.21
980	$\phi 75$	64.8	983	4684	0.21
981	$\phi 75$	64.8	1030	4684	0.22
982	$\phi 75$	64.8	937	4684	0.20
983	$\phi 75$	64.8	946	4684	0.20
984	$\phi 75$	64.8	986	4684	0.21

续表

索单元编号	索规格	索有效直径	张拉完成后索内力(kN)	索最小破断拉力(kN)	张拉完成后索内力/索破断拉力
985	φ75	64.8	800	4684	0.17
986	φ75	64.8	795	4684	0.17
987	φ75	64.8	829	4684	0.18
988	φ75	64.8	709	4684	0.15
989	φ75	64.8	686	4684	0.15
990	φ75	64.8	683	4684	0.15
991	φ75	64.8	713	4684	0.15
992	φ75	64.8	717	4684	0.15
993	φ75	64.8	739	4684	0.16
994	φ75	64.8	758	4684	0.16
995	φ75	64.8	735	4684	0.16
996	φ75	64.8	731	4684	0.16
997	φ75	64.8	591	4684	0.13
998	φ75	64.8	594	4684	0.13
999	φ75	64.8	612	4684	0.13
1000	φ75	64.8	805	4684	0.17
1001	φ75	64.8	811	4684	0.17
1002	φ75	64.8	835	4684	0.18
1003	φ75	64.8	723	4684	0.15
1004	φ75	64.8	703	4684	0.15
1005	φ75	64.8	698	4684	0.15
1006	φ75	64.8	605	4684	0.13
1007	φ75	64.8	610	4684	0.13
1008	φ75	64.8	627	4684	0.13

索单元编号	索规格	索有效直径	张拉完成后索内力（kN）	索最小破断拉力（kN）	张拉完成后索内力/索破断拉力
1009	φ75	64.8	663	4684	0.14
1010	φ75	64.8	646	4684	0.14
1011	φ75	64.8	641	4684	0.14
1012	φ75	64.8	733	4684	0.16
1013	φ75	64.8	738	4684	0.16
1014	φ75	64.8	757	4684	0.16
1015	φ75	64.8	584	4684	0.12
1016	φ75	64.8	588	4684	0.13
1017	φ75	64.8	602	4684	0.13
1018	φ75	64.8	607	4684	0.13
1019	φ75	64.8	593	4684	0.13
1020	φ75	64.8	588	4684	0.13
1021	φ75	64.8	592	4684	0.13
1022	φ75	64.8	596	4684	0.13
1023	φ75	64.8	610	4684	0.13
1024	φ75	64.8	520	4684	0.11
1025	φ75	64.8	524	4684	0.11
1026	φ75	64.8	536	4684	0.11
1027	φ75	64.8	793	4684	0.17
1028	φ75	64.8	776	4684	0.17
1029	φ75	64.8	771	4684	0.16
1030	φ75	64.8	772	4684	0.16
1031	φ75	64.8	776	4684	0.17
1032	φ75	64.8	793	4684	0.17

索单元编号	索规格	索有效直径	张拉完成后索内力(kN)	索最小破断拉力(kN)	张拉完成后索内力/索破断拉力
1033	φ75	64.8	521	4684	0.11
1034	φ75	64.8	524	4684	0.11
1035	φ75	64.8	536	4684	0.11
1036	φ75	64.8	593	4684	0.13
1037	φ75	64.8	597	4684	0.13
1038	φ75	64.8	611	4684	0.13
1039	φ75	64.8	589	4684	0.13
1040	φ75	64.8	594	4684	0.13
1041	φ75	64.8	608	4684	0.13
1042	φ75	64.8	604	4684	0.13
1043	φ75	64.8	590	4684	0.13
1044	φ75	64.8	586	4684	0.13
1045	φ75	64.8	725	4684	0.15
1046	φ75	64.8	730	4684	0.16
1047	φ75	64.8	749	4684	0.16
1048	φ75	64.8	636	4684	0.14
1049	φ75	64.8	641	4684	0.14
1050	φ75	64.8	658	4684	0.14
1051	φ75	64.8	603	4684	0.13
1052	φ75	64.8	608	4684	0.13
1053	φ75	64.8	625	4684	0.13
1054	φ75	64.8	698	4684	0.15
1055	φ75	64.8	702	4684	0.15
1056	φ75	64.8	723	4684	0.15

索单元编号	索规格	索有效直径	张拉完成后索内力(kN)	索最小破断拉力(kN)	张拉完成后索内力/索破断拉力
1057	$\phi75$	64.8	808	4684	0.17
1058	$\phi75$	64.8	813	4684	0.17
1059	$\phi75$	64.8	837	4684	0.18
1060	$\phi75$	64.8	613	4684	0.13
1061	$\phi75$	64.8	595	4684	0.13
1062	$\phi75$	64.8	591	4684	0.13
1063	$\phi75$	64.8	743	4684	0.16
1064	$\phi75$	64.8	707	4684	0.15
1065	$\phi75$	64.8	728	4684	0.16
1066	$\phi75$	64.8	716	4684	0.15
1067	$\phi75$	64.8	720	4684	0.15
1068	$\phi75$	64.8	742	4684	0.16
1069	$\phi75$	64.8	685	4684	0.15
1070	$\phi75$	64.8	711	4684	0.15
1071	$\phi75$	64.8	830	4684	0.18
1072	$\phi75$	64.8	800	4684	0.17
1073	$\phi75$	64.8	794	4684	0.17
1074	$\phi75$	64.8	940	4684	0.20
1075	$\phi75$	64.8	948	4684	0.20
1076	$\phi75$	64.8	988	4684	0.21
1077	$\phi75$	64.8	972	4684	0.21
1078	$\phi75$	64.8	984	4684	0.21
1079	$\phi75$	64.8	1031	4684	0.22
1080	$\phi75$	64.8	1016	4684	0.22

索单元编号	索规格	索有效直径	张拉完成后索内力(kN)	索最小破断拉力(kN)	张拉完成后索内力/索破断拉力
1081	φ75	64.8	1032	4684	0.22
1082	φ75	64.8	1086	4684	0.23
1083	φ75	64.8	1051	4684	0.22
1084	φ75	64.8	996	4684	0.21
1085	φ75	64.8	977	4684	0.21
1086	φ75	64.8	918	4684	0.20
1087	φ75	64.8	940	4684	0.20
1088	φ75	64.8	994	4684	0.21
1089	φ75	64.8	964	4684	0.21
1090	φ75	64.8	913	4684	0.19
1091	φ75	64.8	888	4684	0.19
1092	φ75	64.8	622	4684	0.13
1093	φ75	64.8	640	4684	0.14
1094	φ75	64.8	674	4684	0.14
1095	φ75	64.8	713	4684	0.15
1096	φ75	64.8	734	4684	0.16
1097	φ75	64.8	772	4684	0.16
1098	φ75	64.8	644	4684	0.14
1099	φ75	64.8	664	4684	0.14
1100	φ75	64.8	696	4684	0.15
1101	φ75	64.8	679	4684	0.15
1102	φ75	64.8	659	4684	0.14
1103	φ75	64.8	711	4684	0.15
1104	φ75	64.8	726	4684	0.16

续表

索单元编号	索规格	索有效直径	张拉完成后索内力(kN)	索最小破断拉力(kN)	张拉完成后索内力/索破断拉力
1105	φ75	64.8	696	4684	0.15
1106	φ75	64.8	675	4684	0.14
1107	φ75	64.8	671	4684	0.14
1108	φ75	64.8	692	4684	0.15
1109	φ75	64.8	721	4684	0.15
1110	φ75	64.8	704	4684	0.15
1111	φ75	64.8	678	4684	0.14
1112	φ75	64.8	659	4684	0.14
1113	φ75	64.8	557	4684	0.12
1114	φ75	64.8	573	4684	0.12
1115	φ75	64.8	594	4684	0.13
1116	φ75	64.8	669	4684	0.14
1117	φ75	64.8	647	4684	0.14
1118	φ75	64.8	630	4684	0.13
1119	φ75	64.8	609	4684	0.13
1120	φ75	64.8	624	4684	0.13
1121	φ75	64.8	645	4684	0.14
1122	φ75	64.8	486	4684	0.10
1123	φ75	64.8	498	4684	0.11
1124	φ75	64.8	514	4684	0.11
1125	φ75	64.8	513	4684	0.11
1126	φ75	64.8	497	4684	0.11
1127	φ75	64.8	485	4684	0.10
1128	φ75	64.8	484	4684	0.10

续表

索单元编号	索规格	索有效直径	张拉完成后索内力(kN)	索最小破断拉力(kN)	张拉完成后索内力/索破断拉力
1129	φ75	64.8	496	4684	0.11
1130	φ75	64.8	511	4684	0.11
1131	φ75	64.8	409	4684	0.10
1132	φ75	64.8	419	4684	0.10
1133	φ75	64.8	433	4684	0.10
1134	φ75	64.8	687	4684	0.15
1135	φ75	64.8	666	4684	0.14
1136	φ75	64.8	651	4684	0.14
1137	φ75	64.8	651	4684	0.14
1138	φ75	64.8	666	4684	0.14
1139	φ75	64.8	687	4684	0.15
1140	φ75	64.8	433	4684	0.10
1141	φ75	64.8	419	4684	0.10
1142	φ75	64.8	409	4684	0.10
1143	φ75	64.8	485	4684	0.10
1144	φ75	64.8	513	4684	0.11
1145	φ75	64.8	486	4684	0.10
1146	φ75	64.8	498	4684	0.11
1147	φ75	64.8	514	4684	0.11
1148	φ75	64.8	516	4684	0.11
1149	φ75	64.8	499	4684	0.11
1150	φ75	64.8	487	4684	0.10
1151	φ75	64.8	688	4684	0.15
1152	φ75	64.8	495	4684	0.11

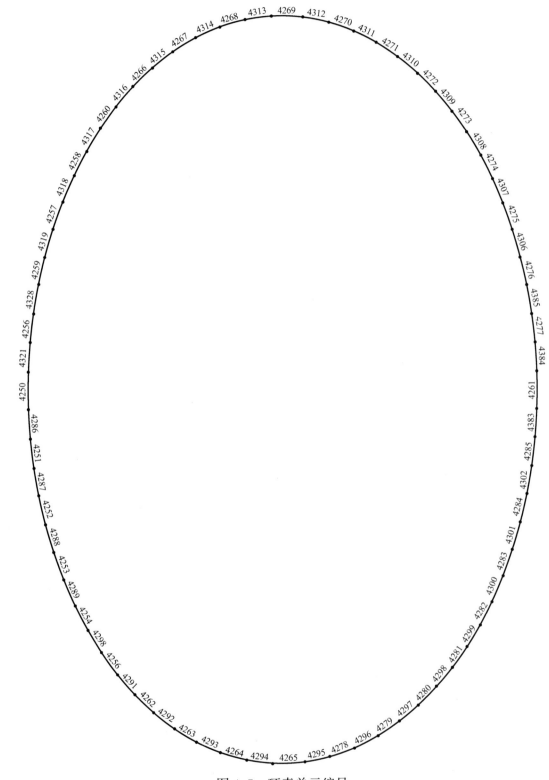

图 4.5　环索单元编号

环索预应力

表 4.3

索单元编号	索规格	索有效直径	张拉完成后索内力(kN)	索最小破断拉力(kN)	张拉完成后索内力/索破断拉力
4250	6φ105	6×91	7522	55344	0.14
4251	6φ105	6×91	7517	55344	0.14
4252	6φ105	6×91	7507	55344	0.14
4253	6φ105	6×91	7518	55344	0.14
4254	6φ105	6×91	7563	55344	0.14
4255	6φ105	6×91	7523	55344	0.14
4256	6φ105	6×91	7516	55344	0.14
4257	6φ105	6×91	7517	55344	0.14
4258	6φ105	6×91	7562	55344	0.14
4259	6φ105	6×91	7507	55344	0.14
4260	6φ105	6×91	7525	55344	0.14
4261	6φ105	6×91	9371	55344	0.17
4262	6φ105	6×91	7397	55344	0.13
4263	6φ105	6×91	7168	55344	0.13
4264	6φ105	6×91	6849	55344	0.12
4265	6φ105	6×91	6675	55344	0.12
4266	6φ105	6×91	7398	55344	0.13
4267	6φ105	6×91	7170	55344	0.13
4268	6φ105	6×91	6851	55344	0.12
4269	6φ105	6×91	6679	55344	0.12
4270	6φ105	6×91	6942	55344	0.13
4271	6φ105	6×91	7469	55344	0.13
4272	6φ105	6×91	7967	55344	0.14
4273	6φ105	6×91	8395	55344	0.15

索单元编号	索规格	索有效直径	张拉完成后索内力（kN）	索最小破断拉力（kN）	张拉完成后索内力/索破断拉力
4274	6φ105	6×91	8711	55344	0.16
4275	6φ105	6×91	8924	55344	0.16
4276	6φ105	6×91	9113	55344	0.16
4277	6φ105	6×91	9274	55344	0.17
4278	6φ105	6×91	6938	55344	0.13
4279	6φ105	6×91	7464	55344	0.13
4280	6φ105	6×91	7963	55344	0.14
4281	6φ105	6×91	8389	55344	0.15
4282	6φ105	6×91	8706	55344	0.16
4283	6φ105	6×91	8925	55344	0.16
4284	6φ105	6×91	9113	55344	0.16
4285	6φ105	6×91	9273	55344	0.17
4286	6φ105	6×91	7522	55344	0.14
4287	6φ105	6×91	7512	55344	0.14
4288	6φ105	6×91	7503	55344	0.14
4289	6φ105	6×91	7554	55344	0.14
4290	6φ105	6×91	7556	55344	0.14
4291	6φ105	6×91	7472	55344	0.14
4292	6φ105	6×91	7296	55344	0.13
4293	6φ105	6×91	7019	55344	0.13
4294	6φ105	6×91	6718	55344	0.12
4295	6φ105	6×91	6753	55344	0.12
4296	6φ105	6×91	7193	55344	0.13
4297	6φ105	6×91	7721	55344	0.14

索单元编号	索规格	索有效直径	张拉完成后 索内力(kN)	索最小破断 拉力(kN)	张拉完成后索内力/ 索破断拉力
4298	6φ105	6×91	8188	55344	0.15
4299	6φ105	6×91	8561	55344	0.15
4300	6φ105	6×91	8827	55344	0.16
4301	6φ105	6×91	9019	55344	0.16
4302	6φ105	6×91	9197	55344	0.17
4303	6φ105	6×91	9340	55344	0.17
4304	6φ105	6×91	9341	55344	0.17
4305	6φ105	6×91	9198	55344	0.17
4306	6φ105	6×91	9017	55344	0.16
4307	6φ105	6×91	8829	55344	0.16
4308	6φ105	6×91	8567	55344	0.15
4309	6φ105	6×91	8193	55344	0.15
4310	6φ105	6×91	7726	55344	0.14
4311	6φ105	6×91	7198	55344	0.13
4312	6φ105	6×91	6757	55344	0.12
4313	6φ105	6×91	6720	55344	0.12
4314	6φ105	6×91	7021	55344	0.13
4315	6φ105	6×91	7298	55344	0.13
4316	6φ105	6×91	7473	55344	0.14
4317	6φ105	6×91	7555	55344	0.14
4318	6φ105	6×91	7554	55344	0.14
4319	6φ105	6×91	7503	55344	0.14
4320	6φ105	6×91	7511	55344	0.14
4321	6φ105	6×91	7522	55344	0.14

由表4.2、表4.3可知，径向索、环索初始张拉预应力均在（0.1～0.25）$f_{\text{pt,k}}$ 之间。

4.3 结构静力弹性计算及初始预应力状态与荷载状态对比分析

4.3.1 结构自振振型与周期分析

非对称索承空间结构的自振频率和振型特性是承受动态荷载结构设计中的重要参数。通过模态分析得出索承空间结构的自振频率和振型，分析结构的自振特性。图4.6～图4.9给出了结构主要振型情况，表4.4给出了前6阶结构自振周期和质量参与系数。

图 4.6　第 1 阶振型

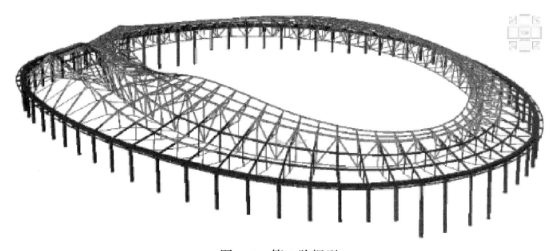

图 4.7　第 2 阶振型

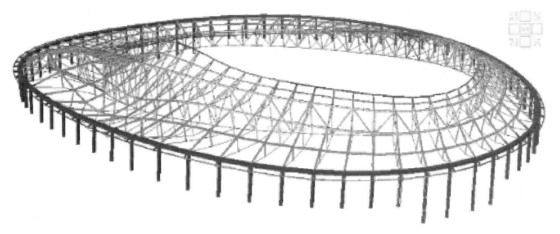

图 4.8 第 3 阶振型

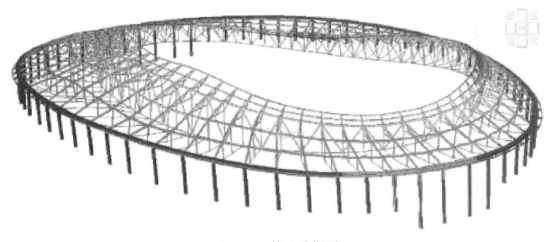

图 4.9 第 4 阶振型

前 6 阶结构自振周期和质量参与系数   表 4.4

振型号	周期(s)	振型参与质量系数					
		TRAN (X)	TRAN (Y)	TRAN (Z)	ROTN (X)	ROTN (Y)	ROTN (Z)
1	1.2807	3.22%	0.00%	0.24%	0.00%	33.86%	0.00%
2	1.1714	0.04%	0.00%	25.50%	0.00%	0.14%	0.00%
3	1.0350	0.00%	12.89%	0.00%	18.28%	0.00%	7.15%
4	0.9044	0.00%	0.75%	0.00%	8.03%	0.00%	27.02%
5	0.8999	0.12%	0.00%	2.35%	0.00%	0.11%	0.00%
6	0.7814	0.01%	0.00%	0.04%	0.00%	1.27%	0.00%

根据上述结果可以看出：结构达到初始预应力状态后，自振振型的特征为前3阶主要振型为屋盖的竖向振动，第4阶振型为整体扭转。其中，由于东西两侧屋盖悬挑长度以及径向索与水平夹角不同，竖向振型中东西两侧屋盖振动非对称。

4.3.2　结构静力弹性计算分析

1. 非对称索承空间结构竖向位移计算结果[16]

屋盖在各工况下节点竖向位移如图4.10～图4.14所示。

由图4.14可知，屋面系统完成后，屋面向下位移最大－290mm，使用阶段恒＋活标准值下屋面最大竖向位移－365mm，小于控制位移392mm，与风荷载组合后，屋盖南北侧产生的向上最大位移95mm。均满足规范及设计要求。

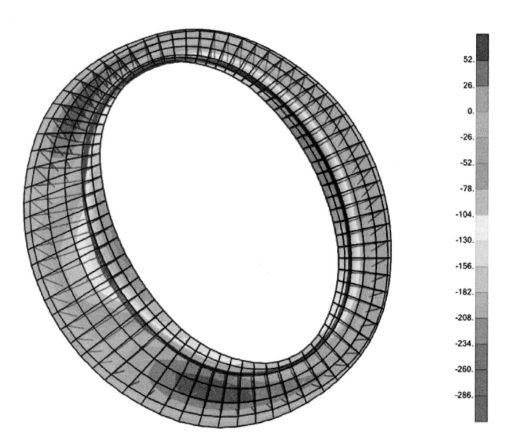

图4.10　屋面、马道等附加恒载安装完毕后屋盖竖向位移（单位：mm）

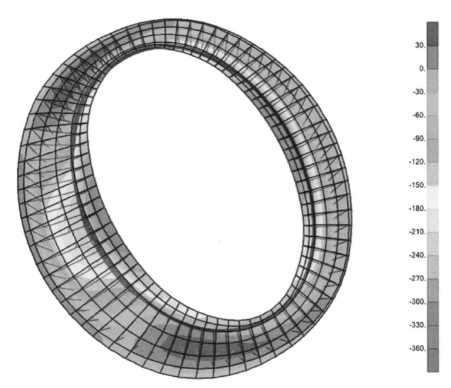

图 4.11　使用阶段：恒＋活标准值下屋盖竖向位移（单位：mm）

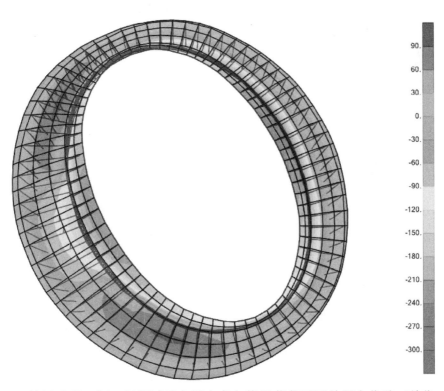

图 4.12　使用阶段：恒＋风洞试验各风向角包络风荷载下屋盖竖向位移（单位：mm）

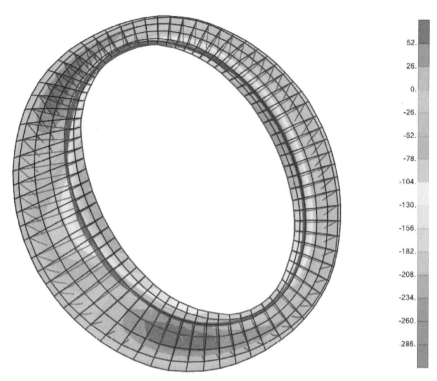

图 4.13　使用阶段：恒＋降温工况下屋盖竖向位移（单位：mm）

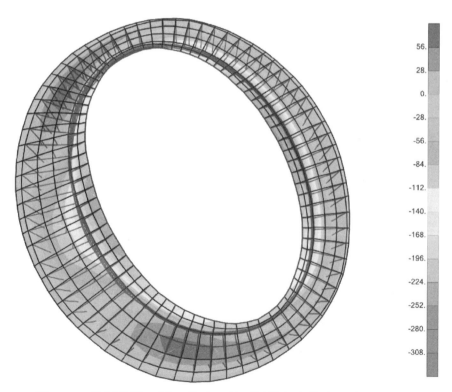

图 4.14　使用阶段：恒＋升温工况下屋盖竖向位移（单位：mm）

2. 非对称索承空间结构构件内力及应力[16]

1）径向上弦梁

（1）恒＋活设计组合下

恒＋活设计组合下径向上弦梁最大轴压力约 1533kN，径向上弦梁应力在 $0.25\sim0.4f_y$ 之间。

（2）小震、风、温度设计组合下

与恒＋活设计组合应力分布相比可见，在小震、风、温度设计组合下应力增长不多，大部分杆件应力由竖向荷载设计组合控制。

（3）最不利组合

最不利组合下网格梁应力有一定增长，尤其是南北两侧构件，但应力均小于 $0.75f_y$，满足设计要求。

2）环向梁

（1）恒＋活设计组合下

恒＋活设计组合下内侧环向梁应力较高，应力最大为 $0.72f_y$。

（2）小震、风、温度设计组合下

与恒＋活设计组合应力分布相比可见，在小震、风、温度设计组合下应力增长不多，大部分杆件应力由竖向荷载设计组合控制。最不利组合下网格梁应力有一定增长，尤其是南北两侧构件，但应力均小于 $0.9f_y$，满足设计要求。

3）竖向支撑[16]

（1）恒＋活设计组合下

恒＋活设计组合下内侧菱形撑杆应力较大，应力最大 $0.74f_y$。

（2）小震、风、温度设计组合下

与恒＋活设计组合应力分布相比可见，在小震、风、温度设计组合下应力增长不多，大部分杆件应力由竖向荷载设计组合控制。

（3）最不利组合

最不利组合下撑杆的应力基本没有变化，撑杆受地震作用影响不大，主要由竖向荷载及预应力的组合控制。

4）拉索[16]

（1）径向索：径向索编号详见图 4.4，内力详见表 4.5。

径向索最不利荷载下最大最小拉力　　　　　表 4.5

索单元编号	最大拉力			最小拉力		
	工况	拉力（kN）	索内力/索破断拉力	工况	拉力（kN）	索内力/索破断拉力
937	1.35D+0.98L	1238	0.26	0.9D+1.4W180	590	0.13
938	1.35D+0.98L	1196	0.26	0.9D+1.4W180	571	0.12
939	1.35D+0.98L	1165	0.25	0.9D+1.4W180	556	0.12
940	1.35D+0.98L	1345	0.29	0.9D+1.4W180	624	0.13
941	1.35D+0.98L	1298	0.28	0.9D+1.4W180	602	0.13
942	1.35D+0.98L	1263	0.27	0.9D+1.4W180	586	0.13
943	1.35D+0.98L	1191	0.25	0.9D+1.4W180	531	0.11
944	1.35D+0.98L	1225	0.26	0.9D+1.4W180	545	0.12
945	1.35D+0.98L	1272	0.27	0.9D+1.4W180	566	0.12
946	1.35D+0.98L	1370	0.29	0.9D+1.4W180	659	0.14
947	1.35D+0.98L	1316	0.28	0.9D+1.4W180	633	0.14
948	1.35D+0.98L	1279	0.27	0.9D+1.4W180	616	0.13
949	1.35D+0.98L	1266	0.27	0.9D+1.4W180	625	0.13
950	1.35D+0.98L	1313	0.28	0.9D+1.4W180	643	0.14
951	1.35D+0.98L	1369	0.29	0.9D+1.4W180	671	0.14
952	1.35D+0.98L	1344	0.29	0.9D+1.4W180	674	0.14
953	1.35D+0.98L	1286	0.27	0.9D+1.4W180	645	0.14
954	1.35D+0.98L	1247	0.27	0.9D+1.4W180	626	0.13
955	1.35D+0.98L	1297	0.28	0.9D+1.4W180	659	0.14
956	1.35D+0.98L	1238	0.26	0.9D+1.4W180	629	0.13
957	1.35D+0.98L	1201	0.26	0.9D+1.4W180	611	0.13
958	1.35D+0.98L	1264	0.27	0.9D+1.4W180	649	0.14
959	1.35D+0.98L	1203	0.26	0.9D+1.4W180	618	0.13

续表

索单元编号	最大拉力			最小拉力		
	工况	拉力(kN)	索内力/索破断拉力	工况	拉力(kN)	索内力/索破断拉力
960	1.35D+0.98L	1167	0.25	0.9D+1.4W180	599	0.13
961	1.35D+0.98L	1329	0.28	0.9D+1.4W180	715	0.15
962	1.35D+0.98L	1369	0.29	0.9D+1.4W180	737	0.16
963	1.35D+0.98L	1441	0.31	0.9D+1.4W180	775	0.17
964	1.35D+0.98L	1168	0.25	0.9D+1.4W180	585	0.12
965	1.35D+0.98L	1106	0.24	0.9D+1.4W180	554	0.12
966	1.35D+0.98L	1074	0.23	0.9D+1.4W180	538	0.11
967	1.35D+0.98L	1666	0.36	0.9D+1.4W180	899	0.19
968	1.35D+0.98L	1712	0.37	0.9D+1.4W180	923	0.20
969	1.35D+0.98L	1812	0.39	0.9D+1.4W180	977	0.21
970	1.35D+0.98L	1844	0.39	0.9D+1.4W180	995	0.21
971	1.35D+0.98L	1742	0.37	0.9D+1.4W180	940	0.20
972	1.35D+0.98L	1701	0.36	0.9D+1.4W180	918	0.20
973	1.35D+0.98L	1835	0.39	0.9D+1.4W180	990	0.21
974	1.35D+0.98L	1871	0.40	0.9D+1.4W180	1009	0.22
975	1.35D+0.98L	1978	0.42	0.9D+1.4W180	1066	0.23
976	1.35D+0.98L	1966	0.42	0.9D+1.4W180	1087	0.23
977	1.35D+0.98L	1865	0.40	0.9D+1.4W180	1031	0.22
978	1.35D+0.98L	1836	0.39	0.9D+1.4W180	1015	0.22
979	1.35D+0.98L	1693	0.36	0.9D+1.4W180	956	0.20
980	1.35D+0.98L	1713	0.37	0.9D+1.4W180	967	0.21
981	1.35D+0.98L	1797	0.38	0.9D+1.4W180	1015	0.22
982	1.35D+0.98L	1662	0.35	0.9D+1.4W180	944	0.20

续表

索单元编号	最大拉力			最小拉力		
	工况	拉力(kN)	索内力/索破断拉力	工况	拉力(kN)	索内力/索破断拉力
983	1.35D+0.98L	1676	0.36	0.9D+1.4W180	952	0.20
984	1.35D+0.98L	1749	0.37	0.9D+1.4W180	993	0.21
985	1.35D+0.98L	1250	0.27	0.9D+1.4W180	683	0.15
986	1.35D+0.98L	1242	0.27	0.9D+1.4W180	678	0.14
987	1.35D+0.98L	1297	0.28	0.9D+1.4W180	709	0.15
988	1.35D+0.98L	1357	0.29	0.9D+1.4W180	743	0.16
989	1.35D+0.98L	1312	0.28	0.9D+1.4W180	719	0.15
990	1.35D+0.98L	1306	0.28	0.9D+1.4W180	715	0.15
991	1.35D+0.98L	1268	0.27	0.9D+1.4W180	678	0.14
992	1.35D+0.98L	1274	0.27	0.9D+1.4W180	681	0.15
993	1.35D+0.98L	1314	0.28	0.9D+1.4W180	703	0.15
994	1.35D+0.98L	1360	0.29	0.9D+1.4W180	719	0.15
995	1.35D+0.98L	1319	0.28	0.9D+1.4W180	698	0.15
996	1.35D+0.98L	1312	0.28	0.9D+1.4W180	694	0.15
997	1.35D+0.98L	1154	0.25	0.9D+1.4W180	571	0.12
998	1.35D+0.98L	1160	0.25	0.9D+1.4W180	575	0.12
999	1.35D+0.98L	1196	0.26	0.9D+1.4W180	592	0.13
1000	1.35D+0.98L	1415	0.30	0.9D+1.4W180	731	0.16
1001	1.35D+0.98L	1424	0.30	0.9D+1.4W180	736	0.16
1002	1.35D+0.98L	1468	0.31	0.9D+1.4W180	758	0.16
1003	1.35D+0.98L	1337	0.29	0.9D+1.4W180	653	0.14
1004	1.35D+0.98L	1298	0.28	0.9D+1.4W180	635	0.14
1005	1.35D+0.98L	1289	0.28	0.9D+1.4W180	630	0.13

续表

索单元编号	最大拉力			最小拉力		
	工况	拉力（kN）	索内力/索破断拉力	工况	拉力（kN）	索内力/索破断拉力
1006	1.35D+0.98L	1214	0.26	0.9D+1.4W180	562	0.12
1007	1.35D+0.98L	1223	0.26	0.9D+1.4W180	566	0.12
1008	1.35D+0.98L	1258	0.27	0.9D+1.4W180	583	0.12
1009	1.35D+0.98L	1262	0.27	0.9D+1.4W180	584	0.12
1010	1.35D+0.98L	1227	0.26	0.9D+1.4W180	569	0.12
1011	1.35D+0.98L	1219	0.26	0.9D+1.4W180	565	0.12
1012	1.35D+0.98L	1275	0.27	0.9D+1.4W180	611	0.13
1013	1.35D+0.98L	1284	0.27	0.9D+1.4W180	615	0.13
1014	1.35D+0.98L	1318	0.28	0.9D+1.4W180	630	0.13
1015	1.35D+0.98L	1101	0.24	0.9D+1.4W180	492	0.10
1016	1.35D+0.98L	1109	0.24	0.9D+1.4W180	495	0.11
1017	1.35D+0.98L	1138	0.24	0.9D+1.4W180	507	0.11
1018	1.35D+0.98L	1150	0.25	0.9D+1.4W180	512	0.11
1019	1.35D+0.98L	1121	0.24	0.9D+1.4W180	500	0.11
1020	1.35D+0.98L	1112	0.24	0.9D+1.4W180	496	0.11
1021	1.35D+0.98L	1124	0.24	0.9D+1.4W180	500	0.11
1022	1.35D+0.98L	1132	0.24	0.9D+1.4W180	503	0.11
1023	1.35D+0.98L	1161	0.25	0.9D+1.4W180	515	0.11
1024	1.35D+0.98L	1044	0.22	0.9D+1.4W180	439	0.09
1025	1.35D+0.98L	1052	0.22	0.9D+1.4W180	442	0.09
1026	1.35D+0.98L	1079	0.23	0.9D+1.4W180	453	0.10
1027	1.35D+0.98L	1418	0.30	0.9D+1.4W180	661	0.14
1028	1.35D+0.98L	1385	0.30	0.9D+1.4W180	647	0.14

索单元编号	最大拉力			最小拉力		
	工况	拉力（kN）	索内力/索破断拉力	工况	拉力（kN）	索内力/索破断拉力
1029	1.35D+0.98L	1377	0.29	0.9D+1.4W180	643	0.14
1030	1.35D+0.98L	1377	0.29	0.9D+1.4W180	643	0.14
1031	1.35D+0.98L	1385	0.30	0.9D+1.4W180	647	0.14
1032	1.35D+0.98L	1418	0.30	0.9D+1.4W180	661	0.14
1033	1.35D+0.98L	1044	0.22	0.9D+1.4W180	439	0.09
1034	1.35D+0.98L	1051	0.22	0.9D+1.4W180	442	0.09
1035	1.35D+0.98L	1078	0.23	0.9D+1.4W180	452	0.10
1036	1.35D+0.98L	1125	0.24	0.9D+1.4W180	500	0.11
1037	1.35D+0.98L	1133	0.24	0.9D+1.4W180	503	0.11
1038	1.35D+0.98L	1161	0.25	0.9D+1.4W180	515	0.11
1039	1.35D+0.98L	1113	0.24	0.9D+1.4W180	496	0.11
1040	1.35D+0.98L	1121	0.24	0.9D+1.4W180	499	0.11
1041	1.35D+0.98L	1151	0.25	0.9D+1.4W180	512	0.11
1042	1.35D+0.98L	1138	0.24	0.9D+1.4W180	507	0.11
1043	1.35D+0.98L	1109	0.24	0.9D+1.4W180	495	0.11
1044	1.35D+0.98L	1101	0.24	0.9D+1.4W180	492	0.11
1045	1.35D+0.98L	1276	0.27	0.9D+1.4W180	611	0.13
1046	1.35D+0.98L	1285	0.27	0.9D+1.4W180	615	0.13
1047	1.35D+0.98L	1320	0.28	0.9D+1.4W180	631	0.13
1048	1.35D+0.98L	1219	0.26	0.9D+1.4W180	565	0.12
1049	1.35D+0.98L	1227	0.26	0.9D+1.4W180	569	0.12
1050	1.35D+0.98L	1261	0.27	0.9D+1.4W180	584	0.12
1051	1.35D+0.98L	1212	0.26	0.9D+1.4W180	561	0.12

续表

索单元编号	最大拉力			最小拉力		
	工况	拉力 （kN）	索内力/索破 断拉力	工况	拉力 （kN）	索内力/索破 断拉力
1052	1.35D+0.98L	1221	0.26	0.9D+1.4W180	565	0.12
1053	1.35D+0.98L	1257	0.27	0.9D+1.4W180	581	0.12
1054	1.35D+0.98L	1306	0.28	0.9D+1.4W180	641	0.14
1055	1.35D+0.98L	1315	0.28	0.9D+1.4W180	646	0.14
1056	1.35D+0.98L	1354	0.29	0.9D+1.4W180	665	0.14
1057	1.35D+0.98L	1425	0.30	0.9D+1.4W180	737	0.16
1058	1.35D+0.98L	1434	0.31	0.9D+1.4W180	741	0.16
1059	1.35D+0.98L	1477	0.32	0.9D+1.4W180	763	0.16
1060	1.35D+0.98L	1197	0.26	0.9D+1.4W180	593	0.13
1061	1.35D+0.98L	1162	0.25	0.9D+1.4W180	575	0.12
1062	1.35D+0.98L	1156	0.25	0.9D+1.4W180	572	0.12
1063	1.35D+0.98L	1315	0.28	0.9D+1.4W180	695	0.15
1064	1.35D+0.98L	1321	0.28	0.9D+1.4W180	698	0.15
1065	1.35D+0.98L	1362	0.29	0.9D+1.4W180	720	0.15
1066	1.35D+0.98L	1271	0.27	0.9D+1.4W180	679	0.15
1067	1.35D+0.98L	1277	0.27	0.9D+1.4W180	683	0.15
1068	1.35D+0.98L	1317	0.28	0.9D+1.4W180	704	0.15
1069	1.35D+0.98L	1307	0.28	0.9D+1.4W180	716	0.15
1070	1.35D+0.98L	1358	0.29	0.9D+1.4W180	744	0.16
1071	1.35D+0.98L	1295	0.28	0.9D+1.4W180	709	0.15
1072	1.35D+0.98L	1247	0.27	0.9D+1.4W180	683	0.15
1073	1.35D+0.98L	1238	0.26	0.9D+1.4W180	678	0.14
1074	1.35D+0.98L	1664	0.36	0.9D+1.4W180	946	0.20

续表

索单元编号	最大拉力			最小拉力		
	工况	拉力(kN)	索内力/索破断拉力	工况	拉力(kN)	索内力/索破断拉力
1075	1.35D+0.98L	1678	0.36	0.9D+1.4W180	954	0.20
1076	1.35D+0.98L	1751	0.37	0.9D+1.4W180	996	0.21
1077	1.35D+0.98L	1695	0.36	0.9D+1.4W180	957	0.20
1078	1.35D+0.98L	1715	0.37	0.9D+1.4W180	969	0.21
1079	1.35D+0.98L	1799	0.38	0.9D+1.4W180	1016	0.22
1080	1.35D+0.98L	1838	0.39	0.9D+1.4W180	1016	0.22
1081	1.35D+0.98L	1866	0.40	0.9D+1.4W180	1032	0.22
1082	1.35D+0.98L	1966	0.42	0.9D+1.4W180	1087	0.23
1083	1.35D+0.98L	1979	0.42	0.9D+1.4W180	1067	0.23
1084	1.35D+0.98L	1872	0.40	0.9D+1.4W180	1009	0.22
1085	1.35D+0.98L	1836	0.39	0.9D+1.4W180	990	0.21
1086	1.35D+0.98L	1702	0.36	0.9D+1.4W180	919	0.20
1087	1.35D+0.98L	1742	0.37	0.9D+1.4W180	941	0.20
1088	1.35D+0.98L	1845	0.39	0.9D+1.4W180	996	0.21
1089	1.35D+0.98L	1811	0.39	0.9D+1.4W180	977	0.21
1090	1.35D+0.98L	1711	0.37	0.9D+1.4W180	923	0.20
1091	1.35D+0.98L	1666	0.36	0.9D+1.4W180	899	0.19
1092	1.35D+0.98L	1073	0.23	0.9D+1.4W180	538	0.11
1093	1.35D+0.98L	1104	0.24	0.9D+1.4W180	554	0.12
1094	1.35D+0.98L	1165	0.25	0.9D+1.4W180	584	0.12
1095	1.35D+0.98L	1330	0.28	0.9D+1.4W180	716	0.15
1096	1.35D+0.98L	1370	0.29	0.9D+1.4W180	738	0.16
1097	1.35D+0.98L	1442	0.31	0.9D+1.4W180	776	0.17

续表

索单元编号	最大拉力			最小拉力		
	工况	拉力 (kN)	索内力/索破 断拉力	工况	拉力 (kN)	索内力/索破 断拉力
1098	1.35D+0.98L	1166	0.25	0.9D+1.4W180	599	0.13
1099	1.35D+0.98L	1202	0.26	0.9D+1.4W180	617	0.13
1100	1.35D+0.98L	1262	0.27	0.9D+1.4W180	648	0.14
1101	1.35D+0.98L	1238	0.26	0.9D+1.4W180	630	0.13
1102	1.35D+0.98L	1201	0.26	0.9D+1.4W180	611	0.13
1103	1.35D+0.98L	1297	0.28	0.9D+1.4W180	659	0.14
1104	1.35D+0.98L	1344	0.29	0.9D+1.4W180	673	0.14
1105	1.35D+0.98L	1286	0.27	0.9D+1.4W180	645	0.14
1106	1.35D+0.98L	1247	0.27	0.9D+1.4W180	626	0.13
1107	1.35D+0.98L	1269	0.27	0.9D+1.4W180	624	0.13
1108	1.35D+0.98L	1308	0.28	0.9D+1.4W180	643	0.14
1109	1.35D+0.98L	1365	0.29	0.9D+1.4W180	671	0.14
1110	1.35D+0.98L	1371	0.29	0.9D+1.4W180	659	0.14
1111	1.35D+0.98L	1318	0.28	0.9D+1.4W180	634	0.14
1112	1.35D+0.98L	1280	0.27	0.9D+1.4W180	616	0.13
1113	1.35D+0.98L	1191	0.25	0.9D+1.4W180	531	0.11
1114	1.35D+0.98L	1225	0.26	0.9D+1.4W180	546	0.12
1115	1.35D+0.98L	1273	0.27	0.9D+1.4W180	567	0.12
1116	1.35D+0.98L	1346	0.29	0.9D+1.4W180	624	0.13
1117	1.35D+0.98L	1298	0.28	0.9D+1.4W180	602	0.13
1118	1.35D+0.98L	1263	0.27	0.9D+1.4W180	586	0.13
1119	1.35D+0.98L	1165	0.25	0.9D+1.4W180	556	0.12
1120	1.35D+0.98L	1196	0.26	0.9D+1.4W180	571	0.12

续表

索单元编号	最大拉力			最小拉力		
	工况	拉力（kN）	索内力/索破断拉力	工况	拉力（kN）	索内力/索破断拉力
1121	1.35D+0.98L	1238	0.26	0.9D+1.4W180	590	0.13
1122	1.35D+0.98L	1004	0.21	0.9D+1.4W180	448	0.10
1123	1.35D+0.98L	1031	0.22	0.9D+1.4W180	459	0.10
1124	1.35D+0.98L	1066	0.23	0.9D+1.4W180	475	0.10
1125	1.35D+0.98L	1066	0.23	0.9D+1.4W180	474	0.10
1126	1.35D+0.98L	1031	0.22	0.9D+1.4W180	459	0.10
1127	1.35D+0.98L	1004	0.21	0.9D+1.4W180	447	0.10
1128	1.35D+0.98L	1005	0.21	0.9D+1.4W180	446	0.10
1129	1.35D+0.98L	1032	0.22	0.9D+1.4W180	458	0.10
1130	1.35D+0.98L	1066	0.23	0.9D+1.4W180	473	0.10
1131	1.35D+0.98L	909	0.19	0.9D+1.4W180	380	0.08
1132	1.35D+0.98L	933	0.20	0.9D+1.4W180	390	0.08
1133	1.35D+0.98L	965	0.21	0.9D+1.4W180	403	0.09
1134	1.35D+0.98L	1331	0.28	0.9D+1.4W180	626	0.13
1135	1.35D+0.98L	1289	0.28	0.9D+1.4W180	606	0.13
1136	1.35D+0.98L	1256	0.27	0.9D+1.4W180	591	0.13
1137	1.35D+0.98L	1256	0.27	0.9D+1.4W180	591	0.13
1138	1.35D+0.98L	1289	0.28	0.9D+1.4W180	606	0.13
1139	1.35D+0.98L	1331	0.28	0.9D+1.4W180	626	0.13
1140	1.35D+0.98L	965	0.21	0.9D+1.4W180	403	0.09
1141	1.35D+0.98L	933	0.20	0.9D+1.4W180	390	0.08
1142	1.35D+0.98L	909	0.19	0.9D+1.4W180	380	0.08
1143	1.35D+0.98L	1006	0.21	0.9D+1.4W180	447	0.10

续表

索单元编号	最大拉力			最小拉力		
	工况	拉力 (kN)	索内力/索破断拉力	工况	拉力 (kN)	索内力/索破断拉力
1144	1.35D+0.98L	1068	0.23	0.9D+1.4W180	475	0.10
1145	1.35D+0.98L	1005	0.21	0.9D+1.4W180	448	0.10
1146	1.35D+0.98L	1033	0.22	0.9D+1.4W180	460	0.10
1147	1.35D+0.98L	1068	0.23	0.9D+1.4W180	475	0.10
1148	1.35D+0.98L	1069	0.23	0.9D+1.4W180	476	0.10
1149	1.35D+0.98L	1033	0.22	0.9D+1.4W180	461	0.10
1150	1.35D+0.98L	1005	0.21	0.9D+1.4W180	448	0.10
1151	1.35D+0.98L	1313	0.28	0.9D+1.4W180	720	0.15
1152	1.35D+0.98L	1032	0.22	0.9D+1.4W180	458	0.10

径向索在竖向荷载设计组合下产生最大拉力 1979kN，索内力与索最小破断拉力比值为 0.42，在风洞试验 180°风向角风吸力组合下拉力最小 439kN，索内力与索最小破断拉力比值为 0.09。

（2）环索：环索单元编号详见图 4.5，内力详见表 4.6。

环索最不利荷载下最大最小拉力　　　　　　　　表 4.6

索单元编号	最大拉力			最小拉力		
	工况	拉力 (kN)	索内力/索破断拉力	工况	拉力 (kN)	索内力/索破断拉力
4250	1.35D+0.98L	17604	0.32	0.9D+1.4W180	7125	0.13
4251	1.35D+0.98L	17588	0.32	0.9D+1.4W180	7114	0.13
4252	1.35D+0.98L	17556	0.32	0.9D+1.4W180	7092	0.13
4253	1.35D+0.98L	17553	0.32	0.9D+1.4W180	7084	0.13
4254	1.35D+0.98L	17637	0.32	0.9D+1.4W180	7107	0.13
4255	1.35D+0.98L	17505	0.32	0.9D+1.4W180	7052	0.13

续表

索单元编号	最大拉力			最小拉力		
	工况	拉力（kN）	索内力/索破断拉力	工况	拉力（kN）	索内力/索破断拉力
4256	1.35D＋0.98L	17587	0.32	0.9D＋1.4W180	7114	0.13
4257	1.35D＋0.98L	17552	0.32	0.9D＋1.4W180	7083	0.13
4258	1.35D＋0.98L	17638	0.32	0.9D＋1.4W180	7108	0.13
4259	1.35D＋0.98L	17555	0.32	0.9D＋1.4W180	7092	0.13
4260	1.35D＋0.98L	17511	0.32	0.9D＋1.4W180	7056	0.13
4261	1.35D＋0.98L	19680	0.36	0.9D＋1.4W180	8420	0.15
4262	1.35D＋0.98L	17167	0.31	0.9D＋1.4W180	6928	0.13
4263	1.35D＋0.98L	16592	0.30	0.9D＋1.4W180	6719	0.12
4264	1.35D＋0.98L	15777	0.29	0.9D＋1.4W180	6428	0.12
4265	1.35D＋0.98L	15160	0.27	0.9D＋1.4W180	6247	0.11
4266	1.35D＋0.98L	17172	0.31	0.9D＋1.4W180	6931	0.13
4267	1.35D＋0.98L	16596	0.30	0.9D＋1.4W180	6723	0.12
4268	1.35D＋0.98L	15778	0.29	0.9D＋1.4W180	6431	0.12
4269	1.35D＋0.98L	15157	0.27	0.9D＋1.4W180	6248	0.11
4270	1.35D＋0.98L	15347	0.28	0.9D＋1.4W180	6436	0.12
4271	1.35D＋0.98L	16157	0.29	0.9D＋1.4W180	6867	0.12
4272	1.35D＋0.98L	17000	0.31	0.9D＋1.4W180	7271	0.13
4273	1.35D＋0.98L	17762	0.32	0.9D＋1.4W180	7606	0.14
4274	1.35D＋0.98L	18355	0.33	0.9D＋1.4W180	7853	0.14
4275	1.35D＋0.98L	18762	0.34	0.9D＋1.4W180	8022	0.14
4276	1.35D＋0.98L	19143	0.35	0.9D＋1.4W180	8180	0.15
4277	1.35D＋0.98L	19481	0.35	0.9D＋1.4W180	8328	0.15

续表

索单元编号	最大拉力			最小拉力		
	工况	拉力（kN）	索内力/索破断拉力	工况	拉力（kN）	索内力/索破断拉力
4278	1.35D+0.98L	15359	0.28	0.9D+1.4W180	6438	0.12
4279	1.35D+0.98L	16186	0.29	0.9D+1.4W180	6876	0.12
4280	1.35D+0.98L	17051	0.31	0.9D+1.4W180	7289	0.13
4281	1.35D+0.98L	17819	0.32	0.9D+1.4W180	7627	0.14
4282	1.35D+0.98L	18354	0.33	0.9D+1.4W180	7844	0.14
4283	1.35D+0.98L	18743	0.34	0.9D+1.4W180	8006	0.14
4284	1.35D+0.98L	19132	0.35	0.9D+1.4W180	8169	0.15
4285	1.35D+0.98L	19476	0.35	0.9D+1.4W180	8323	0.15
4286	1.35D+0.98L	17602	0.32	0.9D+1.4W180	7123	0.13
4287	1.35D+0.98L	17573	0.32	0.9D+1.4W180	7104	0.13
4288	1.35D+0.98L	17540	0.32	0.9D+1.4W180	7080	0.13
4289	1.35D+0.98L	17623	0.32	0.9D+1.4W180	7108	0.13
4290	1.35D+0.98L	17601	0.32	0.9D+1.4W180	7091	0.13
4291	1.35D+0.98L	17363	0.31	0.9D+1.4W180	7000	0.13
4292	1.35D+0.98L	16912	0.31	0.9D+1.4W180	6836	0.12
4293	1.35D+0.98L	16221	0.29	0.9D+1.4W180	6588	0.12
4294	1.35D+0.98L	15397	0.28	0.9D+1.4W180	6302	0.11
4295	1.35D+0.98L	15144	0.27	0.9D+1.4W180	6292	0.11
4296	1.35D+0.98L	15754	0.28	0.9D+1.4W180	6653	0.12
4297	1.35D+0.98L	16627	0.30	0.9D+1.4W180	7092	0.13
4298	1.35D+0.98L	17453	0.32	0.9D+1.4W180	7469	0.13
4299	1.35D+0.98L	18122	0.33	0.9D+1.4W180	7752	0.14

索单元编号	最大拉力			最小拉力		
	工况	拉力（kN）	索内力/索破断拉力	工况	拉力（kN）	索内力/索破断拉力
4300	1.35D+0.98L	18562	0.34	0.9D+1.4W180	7930	0.14
4301	1.35D+0.98L	18933	0.34	0.9D+1.4W180	8084	0.15
4302	1.35D+0.98L	19313	0.35	0.9D+1.4W180	8249	0.15
4303	1.35D+0.98L	19615	0.35	0.9D+1.4W180	8389	0.15
4304	1.35D+0.98L	19618	0.35	0.9D+1.4W180	8391	0.15
4305	1.35D+0.98L	19320	0.35	0.9D+1.4W180	8256	0.15
4306	1.35D+0.98L	18948	0.34	0.9D+1.4W180	8098	0.15
4307	1.35D+0.98L	18580	0.34	0.9D+1.4W180	7948	0.14
4308	1.35D+0.98L	18082	0.33	0.9D+1.4W180	7741	0.14
4309	1.35D+0.98L	17395	0.31	0.9D+1.4W180	7448	0.13
4310	1.35D+0.98L	16587	0.30	0.9D+1.4W180	7079	0.13
4311	1.35D+0.98L	15734	0.28	0.9D+1.4W180	6649	0.12
4312	1.35D+0.98L	15137	0.27	0.9D+1.4W180	6293	0.11
4313	1.35D+0.98L	15396	0.28	0.9D+1.4W180	6304	0.11
4314	1.35D+0.98L	16224	0.29	0.9D+1.4W180	6591	0.12
4315	1.35D+0.98L	16917	0.31	0.9D+1.4W180	6839	0.12
4316	1.35D+0.98L	17369	0.31	0.9D+1.4W180	7003	0.13
4317	1.35D+0.98L	17602	0.32	0.9D+1.4W180	7092	0.13
4318	1.35D+0.98L	17622	0.32	0.9D+1.4W180	7108	0.13
4319	1.35D+0.98L	17538	0.32	0.9D+1.4W180	7079	0.13
4320	1.35D+0.98L	17571	0.32	0.9D+1.4W180	7103	0.13
4321	1.35D+0.98L	17601	0.32	0.9D+1.4W180	7123	0.13

环索在竖向荷载设计组合下产生最大拉力 19618kN，索内力与索最小破断拉力比值为 0.35，在风洞试验 180°风向角风吸力组合下拉力最小 6247kN，索内力与索最小破断拉力比值为 0.11。

5）外环梁

（1）恒＋活设计组合下

恒＋活设计组合下，柱顶环梁受轴拉力，最大拉力产生于东西两侧，环梁应力最大为 $0.5f_y$ 左右。

（2）小震、风、温度设计组合下

与恒＋活设计组合应力分布相比可见，在小震、风、温度设计组合下应力增长不多，环梁应力为 $0.5f_y$ 左右。

（3）最不利组合

最不利组合下，环梁的应力基本没有变化，环梁受地震作用影响不大，主要由竖向荷载及预应力的组合控制。

6）悬挑桁架[16]

（1）恒＋活设计组合下

恒＋活设计组合下，悬挑桁架最大应力出现在内侧环梁，悬挑桁架应力最大为 $0.74f_y$ 左右。

（2）小震、风、温度设计组合下

与恒＋活设计组合应力分布相比可见，在小震、风、温度设计组合下应力增长不多，悬挑桁架应力最大为 $0.74f_y$ 左右。

（3）最不利组合

最不利组合下，悬挑桁架的应力基本没有变化，主要由竖向荷载及预应力的组合控制。

4.3.3 初始预应力状态与荷载状态对比分析

依据规范要求对上述多种荷载组合，分析比较各类杆件在各工况下的内力变化情况，作为结构构件、支座以及节点设计的依据。现将活载、地震作用、风荷载、温度作用等典型荷载工况与初始预应力状态进行静力性能对比分析[5]，并列出各杆件内力设计值，具体见表 4.7、表 4.8，表中数字前"－"表示受压。

各工况作用下杆件内力设计值（一）（单位：kN）　　　　表 4.7

构件	初始预应力状态		恒载＋活载		恒载＋地震		恒载＋风荷载	
	Max	Min	Max	Min	Max	Min	Max	Min
径向拉索	1796	721	2024	872	1910	785	1804	719
索内力/索破断拉力	0.227	0.145	0.256	0.176	0.241	0.158	0.228	0.145
环向拉索	15223	10523	18157	11780	16432	11177	15192	10558
索内力/索破断拉力	0.246	0.170	0.294	0.191	0.266	0.181	0.246	0.171
外圈巨型钢环梁	−1034	−2601	3332	1811	734	−428	−1462	−3379
径向钢梁	−337	−1333	−767	−2617	−482	−1750	−350	−1340
内环桁架、撑杆	773	−722	1231	−1057	961	−808	748	−708

各工况作用下杆件内力设计值（二）（单位：kN）　　　　表 4.8

构件	初始预应力状态		恒载＋升温		恒载＋降温	
	Max	Min	Max	Min	Max	Min
径向拉索	1796	721	1842	763	1924	785
索内力/索破断拉力	0.227	0.145	0.233	0.154	0.243	0.158
环向拉索	15223	10523	16096	10810	16455	11223
索内力/索破断拉力	0.246	0.170	0.260	0.175	0.266	0.181
外圈巨型钢环梁	−1034	−2601	−305	−3525	3526	−544
径向钢梁	−337	−1333	−512	−1907	−482	−1729
内环桁架、撑杆	773	−722	925	−836	922	−831

根据表中部分工况计算结果可以看出，结构达到初始预应力状态后，在外荷载作用下，各类杆件表现出不同的内力变化情况。（1）活载作用下，拉索及内环桁架、撑杆、径向钢梁等内力变大，而由于屋盖走势呈拱形，向外的推力变化使得外圈巨型钢环梁内力由受压变为受拉；（2）地震作用引起结构内力变化幅度很小；（3）风荷载作用下，内环桁架、撑杆、径向钢梁等内力变小；虽然拉索内力也有小幅度减小，但环索整体呈内收缩紧趋势，外圈巨型钢环梁内力所受压力继续增大。

结构最大位移 286mm＜392mm；杆件最不利荷载组合下的应力比约为 0.8；环索、径向索在最不利荷载组合下产生最大拉力与索最小破断拉力比值为 0.42，索最小拉力与索最小破断拉力比值为 0.09。均满足规范及设计要求。

4.4 结构稳定性分析

4.4.1 线性屈曲分析

计算结构在各种荷载及组合下的屈曲模态，其中，设计组合工况（1.35 恒＋0.98 活）下的弹性临界荷载系数最小。表 4.9 为结构边界条件为底部固接时，结构在设计组合工况（1.35 恒＋0.98 活）下的前 6 阶线性屈曲模态的临界荷载系数，前 5 阶的屈曲模态均为伴随结构整体屈曲的变形模态，而未发生局部构件屈曲失稳，最小弹性临界荷载系数为 6.81＞4.2，图 4.15 为最小临界荷载系数的模态。

各模态下的临界荷载系数　　　　　　　　　　　表 4.9

屈曲模态阶次	1	2	3	4	5	6
临界荷载系数 λ	6.81	9.42	10.56	12.27	13.21	13.88

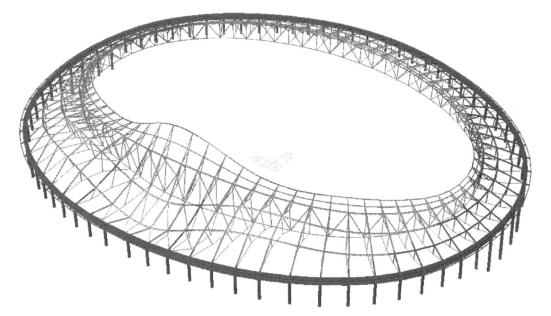

图 4.15　最小临界荷载系数的模态

4.4.2 非线性屈曲分析

为进一步验证屋盖结构稳定的可靠性，采用 SAP2000 进行非线性屈曲分析。从非线性角度分析，强度和稳定性始终是相互联系的。通过非线性分析，结构的荷载-位移全过程曲线可以呈现结构的强度、稳定性和刚度的变化全过程。非线性分析方法中将考虑以下几个方面：

（1）结构几何非线性影响，包括 P-Δ 效应和大位移效应；

（2）结构材料的非线性影响，采用塑性铰单元模拟其材料非线性；

（3）结构整体初始缺陷影响，参考《空间网格结构技术规程》，本工程采用结构的最低阶屈曲模态作为初始缺陷分布模态，其最大计算值按跨度的 1/300 取值。

根据结构在设计组合工况（1.35 恒＋0.98 活）下的屈曲模态形状，通过改变节点坐标引入结构整体初始缺陷，整体初始缺陷大小取为结构跨度的 1/300。杆件采用塑性铰单元模拟其材料非线性，加载方式采用准静态的加载模式。

以图 4.16 所示位置作为监测点，图 4.17 为屋盖结构临界荷载系数 K-位移和结构失稳破坏时的变形图。由图 4.17 可以看出，结构在荷载系数 2.92 时竖向位移突然增大而荷载系数不再增加，表明结构丧失稳定承载力，失稳破坏的区域发生在受压一侧。K 大于《空间网格结构技术规程》规定的 $K=2$（按弹塑性全过程分析时 $K=2$）的要求，说明结构具有足够的整体稳定承载力，在实际使用过程中不会发生整体失稳破坏。

通过有限元分析软件对第七届世界军运会主赛场体育场非对称索承空间结构设计的几个方面内容进行计算分析，可以得到以下几点结论：

（1）结构达到初始预应力状态后，在各种荷载工况组合作用下，结构竖向最大位移为 286mm，小于结构控制位移 392mm（按悬挑最大跨度的 1/125 控制）。

（2）结构在各工况下构件内力满足规范要求，处于合理水平，索在任何工况下均不发生退张现象。

（3）由线性屈曲分析和非线性屈曲分析结果可以看出，结构具有足够的整体稳定承载力，在实际使用过程中不会发生整体失稳破坏。

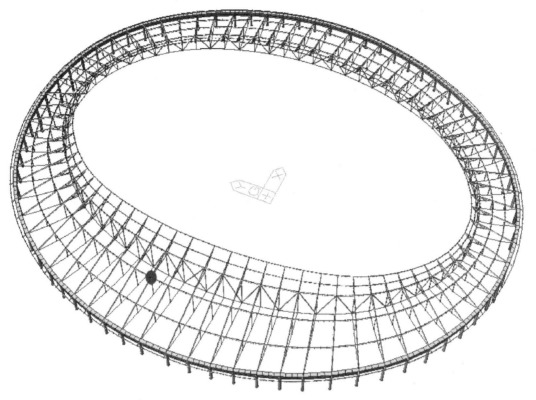

图 4.16　屈曲分析监测点示意

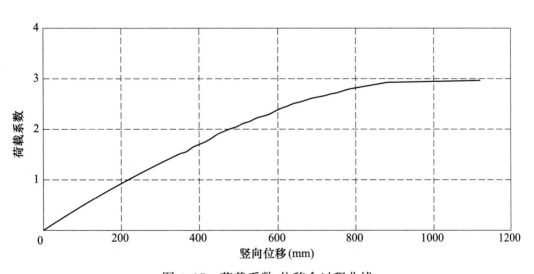

图 4.17　荷载系数-位移全过程曲线

4.5 罕遇地震作用下的弹塑性时程分析

4.5.1 材料本构关系

1. 非屈曲钢材

MIDAS Gen 的钢材本构分为屈曲钢材本构及非屈曲钢材本构[17]。本工程计算分析时，钢材本构采用非屈曲钢材本构，因为结构的延性设计主要建立在钢筋经历反复的大塑性应变依然能够维持较高应力水平基础上，并要求钢筋通常不会发生拉断等脆性破坏。本结构钢材采用双线性随动硬化模型，采用各向同性强化模型来模拟钢材的滞回特性，在循环过程中，不考虑钢材的强度和刚度退化，如图 4.18 所示。

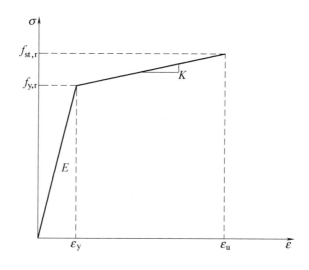

图 4.18　钢材应力-应变关系

$$K = (f_{st,r} - f_{y,r})/(\varepsilon_u - \varepsilon_y)$$

式中　$f_{st,r}$、$f_{y,r}$——分别为钢材的极限强度和屈服强度；

　　　ε_u、ε_y——分别为钢材的极限强度和屈服强度对应的应变。

2. 混凝土

混凝土材料采用弹塑性损伤模型，可考虑材料拉压强度的差异、刚度的退化和拉压循环的刚度恢复。混凝土的应力-应变关系根据《混凝土结构设计规范》GB 50010—2010（2015 年版）附录 C.2.4 条确定，混凝土滞回模型根据附录 C.2.5 条确定，且不考虑混凝土的受拉承载力，即拉力全部由钢材承受。

3. 梁柱构件模拟方法

采用具有非线性铰特性的梁柱单元[17]。梁单元公式使用了柔度法（flexibility method），在荷载作用下的变形和位移使用了小变形和平截面假定理论（欧拉贝努利梁理论，Euler Bernoulli Beam Theory），并假设扭矩和轴力、弯矩互相独立无关联。根据定义弯矩非线性特性关系的方法，非线性梁柱单元可分为弯矩-旋转角单元（集中铰模型）和弯矩-曲率单元（分布铰模型）。本工程采用的是弯矩-旋转角梁柱单元，即在单元两端设置了长度为 0 的平动和旋转非线性弹簧，而单元内部为弹性的非线性单元类型，非线性弹簧的位置如图4.19 所示。

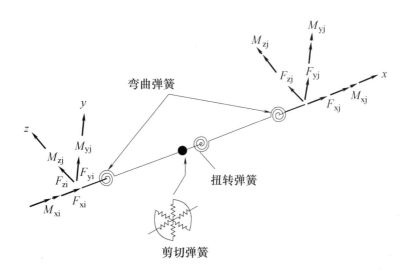

图 4.19 非线性弹簧位置示意图

4. 动力弹塑性时程分析梁柱滞回模型

结构受到地震作用这样的随机的往复荷载作用时，构件将产生裂缝和屈服，这些裂缝和屈服对结构的荷载-位移关系都会产生影响。构件的单向内力的荷载和变形的关系叫做骨架曲线，基于骨架曲线并考虑往复荷载作用下的卸载和加载时的荷载-位移关系的规则叫做滞回模型。动力弹塑性分析中一般用滞回模型模拟构件的恢复力特性[17]。

钢筋混凝土框架梁、连梁、框架柱均采用修正武田三折线模型，修正武田三折线模型对武田三折线模型的内环的卸载刚度计算方法做了修正，如图4.20所示。该模型仅考虑了刚度退化，没有考虑强度退化。第一折线拐点用于模拟开裂强度，第二个折线拐点用于模拟屈服强度。

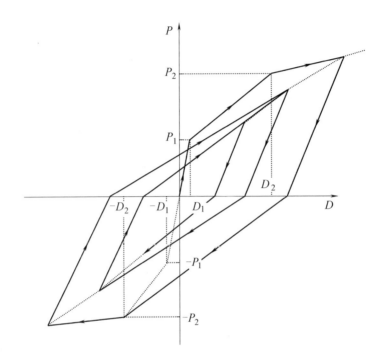

图 4.20 修正武田三折线滞回模型

4.5.2 结构构件的性能评价方法

通过结构整体抗震性能和构件变形水平两个方面来评估抗震性能。整体性能的评估将以结构弹塑性层间位移角、顶点位移和底部剪力、塑性发展过程及塑性发展的区域为指标。从构件塑性变形与塑性变形限制值的大小关系、关键部位、关键构件塑性变形情况来对结构进行评估，以保证结构构件在地震过程中仍能承受竖向地震力和重力，地震结束后结构仍能承受作用在结构上的重力荷载，从而保证结构不因局部构件的破坏而产生严重的破坏或倒塌。

框架梁、连梁、框架柱性能评价修正武田三折线铰输出两种状态，第一个是开裂及开裂到屈曲前状态，第二个是屈服及屈服后状态，各状态判别标准见表4.10。

修正武田三折线铰状态判别标准[17]　　　　　表 4.10

	强度容许准则	
铰状态	第一屈服状态(1st Yield)	第二屈服状态(2nd Yield)
状态说明	开裂及开裂到屈曲前	屈服及屈服后

4.5.3　建立弹塑性分析模型

1. 有效质量

结构有效质量及分布同弹性模型，即采用重力荷载代表值对应的荷载和质量分布，重力荷载代表值按"1.0×恒荷载 ＋ 0.5×活荷载"取值。

2. 阻尼比

考虑到当采用瑞利阻尼假定时，实际阻尼比与频率相关性非常显著，本工程采用与频率无关的阻尼形式。

3. 重力荷载

以对有效质量施加重力加速度的方式考虑结构重力荷载，重力加速度取 $9.81\mathrm{m/s^2}$。在施加重力荷载并取得静力平衡后，再输入地震波激励。

4. 重力二阶效应

弹塑性分析时考虑重力场对结构侧向变形的附加变形和内力影响，即重力二阶效应。

5. 弹性和弹塑性楼板

各楼层的楼板采用弹性壳单元。在 MIDAS Gen 软件中建立结构动力弹塑性分析的有限元模型，建成后有限元三维模型如图 4.21 所示。

4.5.4　罕遇地震动力弹塑性时程分析

1. 输入罕遇地震动

根据安评报告，时程分析时选用 5 组天然波、2 组人工波，每组波包含 X、Y、Z 三个不同方向的分量。5 组天然地震波信息如表 4.11 所示。地震波的频谱特性、有效峰值和有效持续时间满足规范要求，其频谱与目标反应谱曲线的比较如图 4.22～图 4.28 所示，在结构主要周期点附近，地震波的反应谱

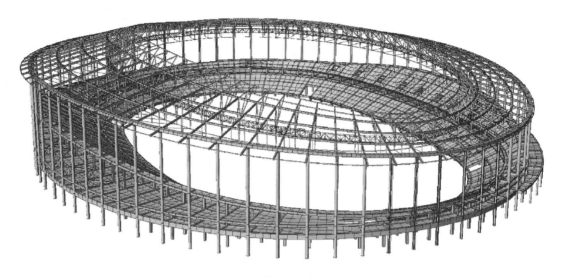

(a) 模型三维视图

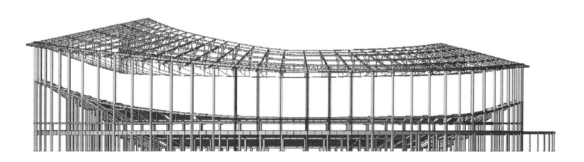

(b) 模型立面图1

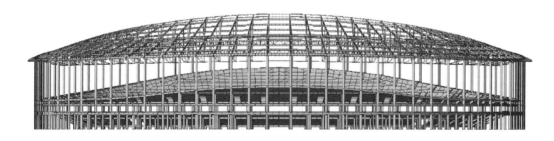

(c) 模型立面图2

图 4.21　有限元三维模型

和安评大震反应谱吻合较好。按照规范要求，本报告进行了三向时程分析，各分析工况均采用三向输入，主、次及竖向地震波强度比按1∶0.85∶0.65确定，罕遇地震峰值加速度取125Gal。

对应超越概率水准50年2%（大震）的天然地震波信息　　表4.11

序号	地震波名称	震级	发震时间	记录台站名称	震中距(km)	序号
天然波1	Landers	7.3	1992-06-28	CDMG 21081 Amboy	75.2	Ⅱ
天然波2	Landers	7.3	1992-06-28	CDMG 12149 Desert Hot Springs	27.3	Ⅱ
天然波3	Chi-Chi	7.6	1999-09-21	CWB 99999 TCU040	69	Ⅱ
天然波4	Hector Mine	7.1	1999-10-16	CDMG 21081 Amboy	48	Ⅱ
天然波5	Chi-Chi(余震)	6.2	1999-09-21	CWB 99999 CHY101	28	Ⅱ

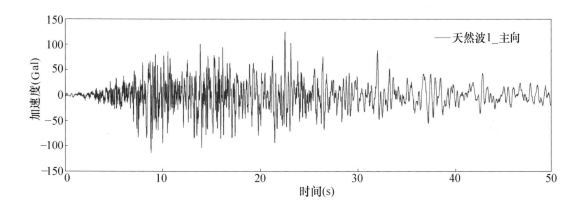

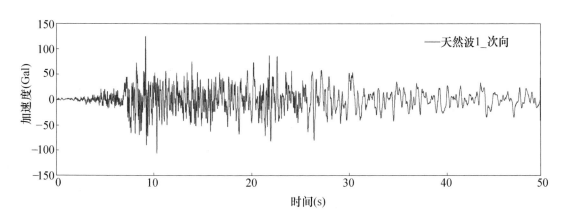

图4.22　天然波1时程曲线及其频谱与目标反应谱曲线的比较（一）

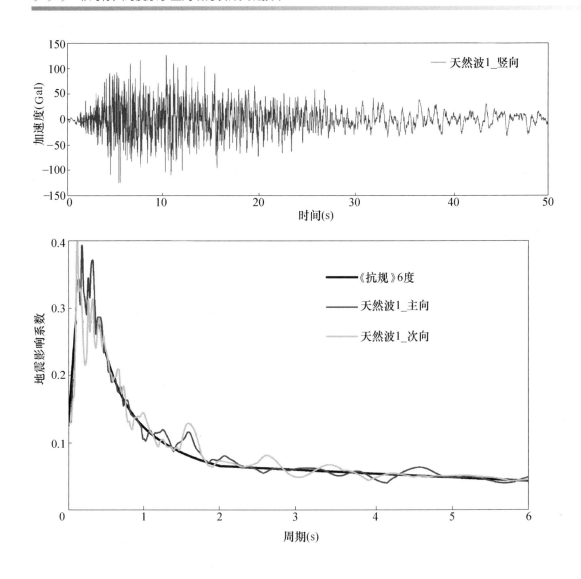

图 4.22　天然波 1 时程曲线及其频谱与目标反应谱曲线的比较（二）

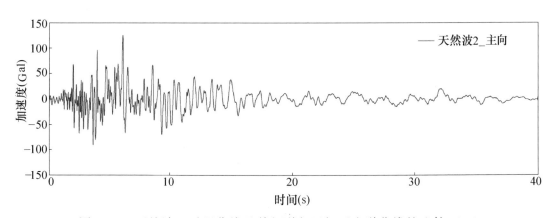

图 4.23　天然波 2 时程曲线及其频谱与目标反应谱曲线的比较（一）

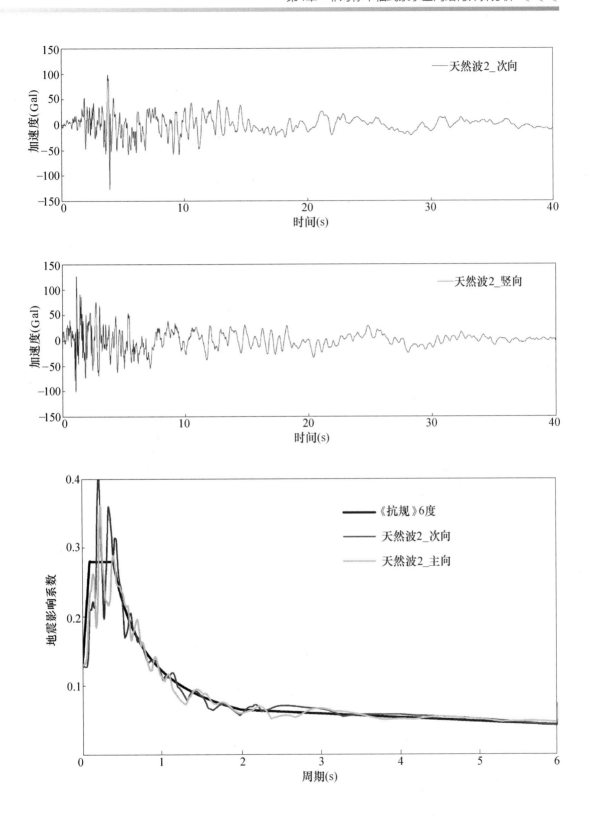

图 4.23 天然波 2 时程曲线及其频谱与目标反应谱曲线的比较（二）

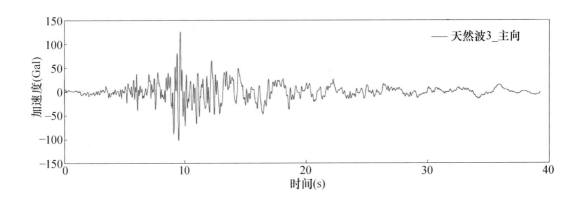

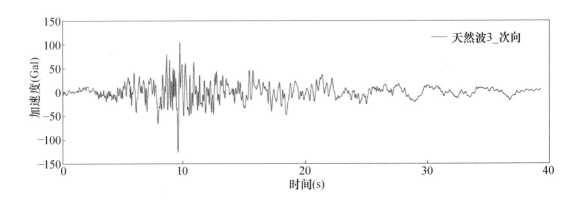

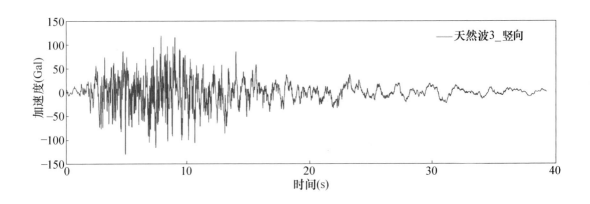

图 4.24 天然波 3 时程曲线及其频谱与目标反应谱曲线的比较（一）

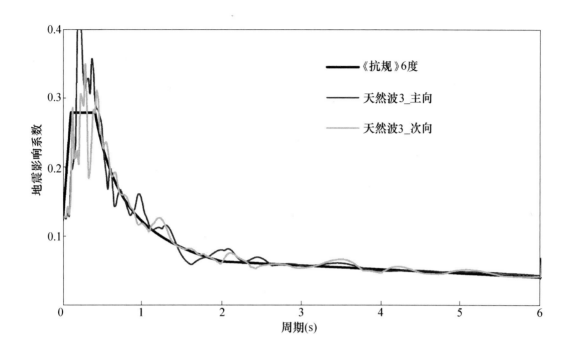

图 4.24　天然波 3 时程曲线及其频谱与目标反应谱曲线的比较（二）

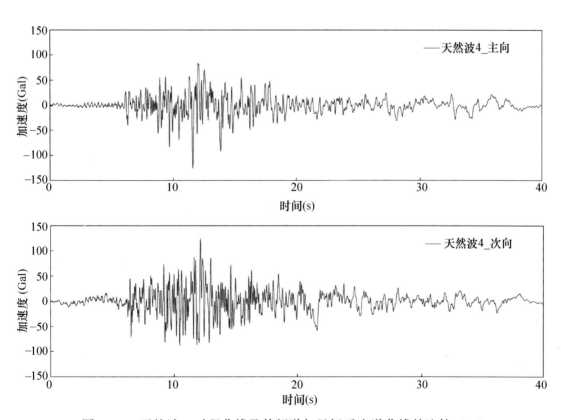

图 4.25　天然波 4 时程曲线及其频谱与目标反应谱曲线的比较（一）

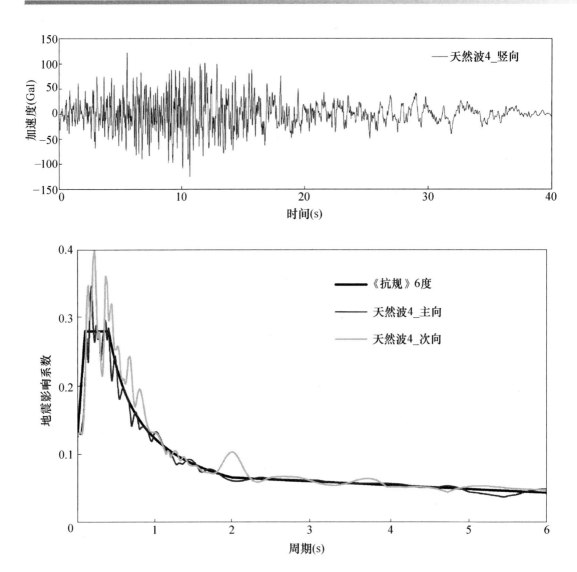

图 4.25　天然波 4 时程曲线及其频谱与目标反应谱曲线的比较（二）

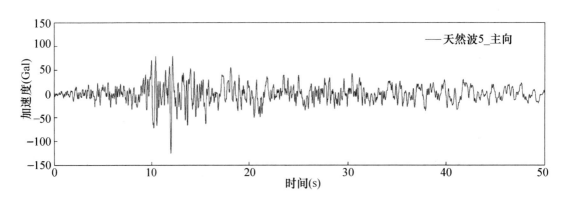

图 4.26　天然波 5 时程曲线及其频谱与目标反应谱曲线的比较（一）

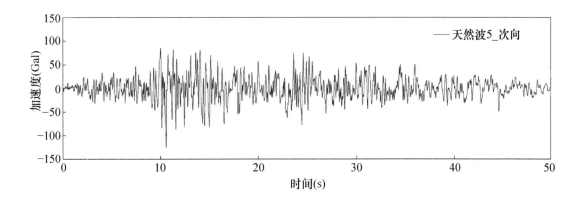

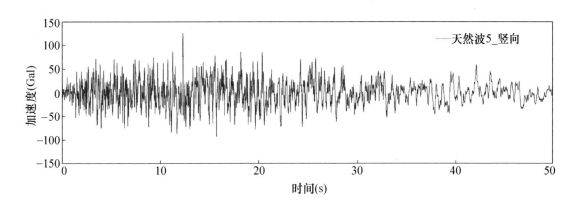

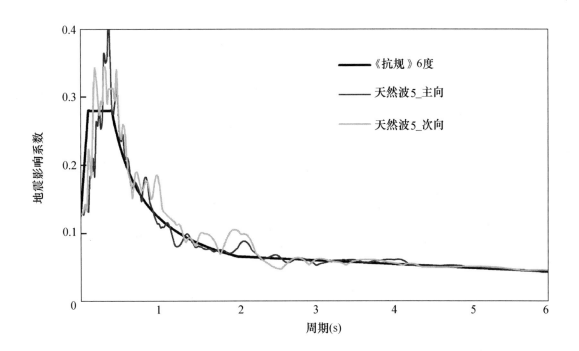

图 4.26　天然波 5 时程曲线及其频谱与目标反应谱曲线的比较（二）

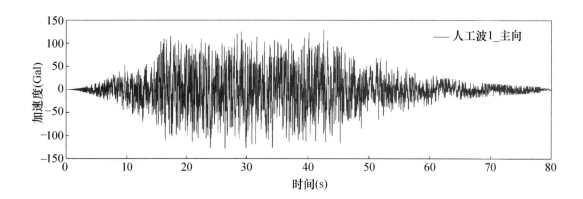

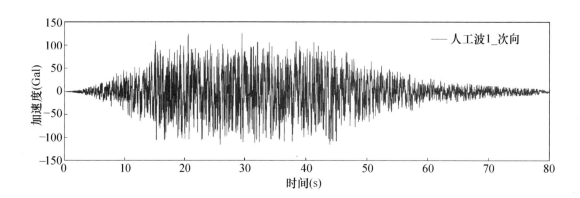

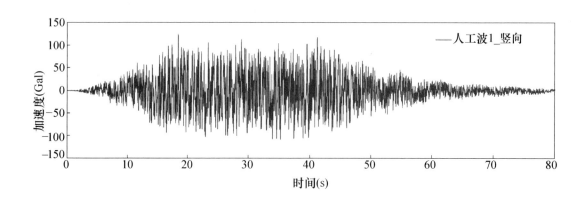

图 4.27　人工波 1 时程曲线及其频谱与目标反应谱曲线的比较（一）

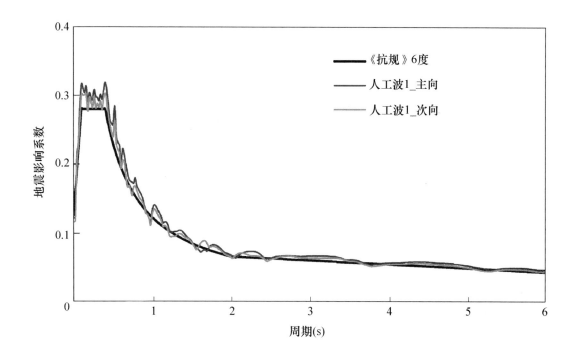

图 4.27 人工波 1 时程曲线及其频谱与目标反应谱曲线的比较（二）

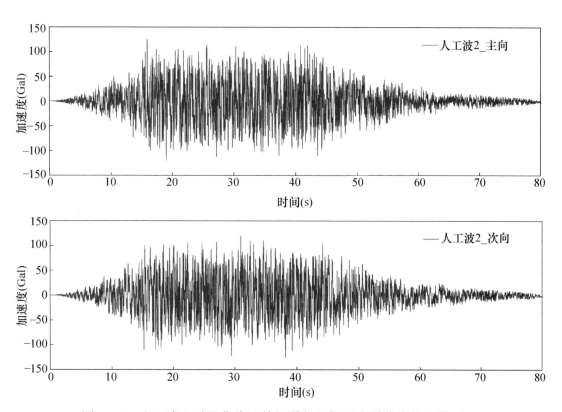

图 4.28 人工波 2 时程曲线及其频谱与目标反应谱曲线的比较（一）

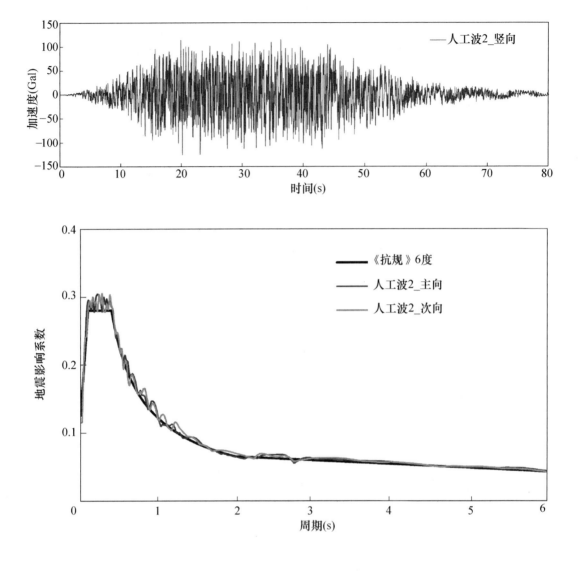

图 4.28 人工波 2 时程曲线及其频谱与目标反应谱曲线的比较（二）

2. 时程分析与反应谱分析底部剪力对比

从结构动力响应的角度分析所选用的地震波，《抗规》规定，在弹性时程分析时，每条时程曲线计算所得结构底部剪力均超过振型分解反应谱法计算结果的 65%，多条时程曲线计算所得结构底部剪力的平均值均大于振型分解反应谱法计算结果的 80%。表 4.12 说明选取的地震波是合适的，满足规范要求。根据基底剪力比较，采用基底剪力最大的天然波 1、天然波 2 和人工波 1 进行计算。

反应谱与时程基底剪力的比较　　　　　　　　　　表 4.12

工　况		基底剪力(kN)	时程基底剪力/反应谱基底剪力
反应谱	X 向	210194.7	—
	Y 向	182870.7	—
天然波 1	X 向	220704.4	1.05
	Y 向	182870.7	1.00
天然波 2	X 向	214398.6	1.02
	Y 向	157268.8	0.86
天然波 3	X 向	170257.7	0.81
	Y 向	144467.9	0.79
天然波 4	X 向	184971.3	0.88
	Y 向	153611.4	0.84
天然波 5	X 向	191277.2	0.91
	Y 向	146296.6	0.8
人工波 1	X 向	199685.0	0.95
	Y 向	157268.8	0.86
人工波 2	X 向	197583.0	0.94
	Y 向	151782.7	0.83
平均	X 向	197583.0	0.94
	Y 向	155440.1	0.85

4.5.5　弹塑性时程分析结果

1. 基底剪力

本工程主体结构在天然波 1、天然波 2 和人工波 1 地震工况下的最大基底剪力见表 4.13。

基底剪力（kN）   表 4.13

地震工况	弹塑性基底剪力		弹性基底剪力	
	X 向	Y 向	X 向	Y 向
天然波 1	180708.0	152747.1	220704.4	182870.7
天然波 2	174263.1	130693.2	214398.6	157268.8
人工波 1	162701.8	130833.2	197583.0	151782.7

2. 最大层间位移角详见表 4.14。

最大层间位移角   表 4.14

地震工况	层间位移角					
	天然波 1		天然波 2		人工波 1	
	X	Y	X	Y	X	Y
1 层	1/741	1/801	1/750	1/814	1/942	1/845
2 层	1/987	1/892	1/1021	1/994	1/1045	1/901
3 层	1/842	1/705	1/1225	1/1145	1/1442	1/1014
4 层	1/162	1/142	1/175	1/174	1/201	1/188

以 X 方向为主向输入地震波，结构最大层间位移角分别为 1/162（天然波
1）、1/175（天然波 2）、1/201（人工波 1），小于 1/50 限值；以 Y 方向为主向
输入地震波，结构最大层间位移角分别为 1/142（天然波 1）、1/174（天然波
2）、1/188（人工波 1），小于 1/50 限值，满足规范关于抗震性能目标的要求。

3. 结构构件损伤

在罕遇地震作用下，看台结构框架梁最先出现塑性铰，然后低区看台混凝
土框架柱出现塑性铰，框架梁塑性铰继续发展，随后较多梁铰进入屈服状态，
框架梁的塑性铰均未达到比较严重损坏的性能水准，处于中度损坏的性能
水准。

在罕遇地震作用下，大部分看台框架柱铰处于弹性状态，部分低区看台混
凝土框架柱出现塑性铰，处于第一屈服状态，开裂，但尚未屈服状态。

在罕遇地震作用下，屋盖上弦杆、外环梁、撑杆及悬挑桁架等构件均未出

现塑性铰，均处于弹性状态。

在罕遇地震作用下，径向索最大索内力/索最小破断拉力，最大值为0.53，最小值为0.10。环索最大索内力/索最小破断拉力，最大值为0.44，最小值为0.14。径向索、环索均处于弹性状态，且均未退张。

4. 抗震性能评价依据《超限高层建筑工程抗震设防专项审查技术要点》[18]（建质〔2015〕67号）的有关要求进行评价，具体如下：

（1）罕遇地震作用下，结构看台层间位移角满足《抗规》规定的不大于1/50的要求。

（2）输入各工况罕遇地震波进行时程分析后，结构竖立不倒，主要抗侧力构件没有发生严重损坏，部分看台混凝土框架梁参与塑性耗能。

（3）罕遇地震波输入过程中结构破坏形态和构件塑性损伤发展过程可描述为：大部分梁铰进入屈服状态，但均未达到比较严重损坏的性能水准。框架柱均未屈服。

（4）屋盖上弦杆、外环梁、撑杆及悬挑桁架等钢构件均处于弹性状态。径向索、环索均处于弹性状态，且均未退张。

（5）整体来看，结构在罕遇地震输入下的弹塑性反应及破坏机制符合结构抗震工程的概念设计要求，抗震性能达到规范要求的抗震性能目标要求。

4.6　结构抗连续倒塌设计

4.6.1　简述

屋盖结构在偶然作用发生时，应具有一定的抗连续倒塌能力。《工程结构可靠性统一设计标准》GB 50153—2008和《建筑可靠性设计统一标准》GB 50068—2018对偶然设计状态均有定性规定。GB 50153—2008规定，当发生爆炸、碰撞、人为错误等偶然事件时，结构能保持必要的整体稳定性，不出现与起因不相称的破坏后果，防止出现结构的连续倒塌。GB 50068—2018规定，对偶然状态，建筑结构可采用下列原则之一按承载力极限状态进行设计：（1）按作用效应的偶然组合进行设计或采取保护措施，使主要承重结构不因出现设计规定的偶然事件而丧失承载能力；（2）允许主要承重结构因出现设计规定的偶然事件而局部破坏，但其剩余部分具有在一定时间内不发生连续倒塌的可靠度。

结构连续倒塌是指结构因突发事件或严重超载而造成局部结构破坏失效，继而引起与失效构件相连的构件连续破坏，最终导致相对于局部破坏更大范围的倒塌破坏。结构产生的局部构件失效后，破坏范围可能沿水平方向及竖直方向发展，沿竖直方向发展的影响更为突出。当偶然因素导致结构局部破坏失效时，如果结构不能形成多重荷载传递路径，破坏范围沿水平方向或竖直方向蔓延，最终导致结构发生大范围倒塌甚至连续倒塌。我国《高层建筑混凝土结构设计规程》[19] JGJ 3—2010（以下简称《高规》）中增加了结构抗倒塌的规定，本章将以其作为参考对屋盖结构进行抗连续倒塌分析。

4.6.2　分析方法

本章采用规范要求的抗连续倒塌的拆除构件方法进行分析，通过拆除局部结构构件，采用弹性静力方法分析剩余结构的内力与变形，具体要求详见《高规》第 3.12 节。

4.6.3　分析步骤

（1）根据前述设计的构件尺寸及配筋，计算出构件的极限承载力。

（2）建立结构模型，施加边界条件。

（3）移去指定构件，并施加荷载。

（4）计算出各个构件的内力，校核构件是否满足规范关于抗连续倒塌设计的要求。

4.6.4　分析假定及结果

假定瞬时"拆除"屋盖某个结构单元来模拟偶然荷载对屋盖的直接影响，评估结构是否具有防止连续倒塌的能力。在本项目中，支撑屋盖的框架柱和径向索对结构抗连续倒塌性能具有至关重要的影响，按照规范要求，假定以下失效模式，分析各个工况下结构是否发生连续倒塌。假定支撑屋盖的框架柱失效，如图 4.29 所示。相应的恒载作用下变形图和应力比云图如图 4.30、图 4.31 所示，个别支撑屋盖的框架柱失效对屋盖的位移响应影响并不明显，这是因为屋盖环梁刚度较大，原本由被移除框架柱所承担的荷载将由附近的框架

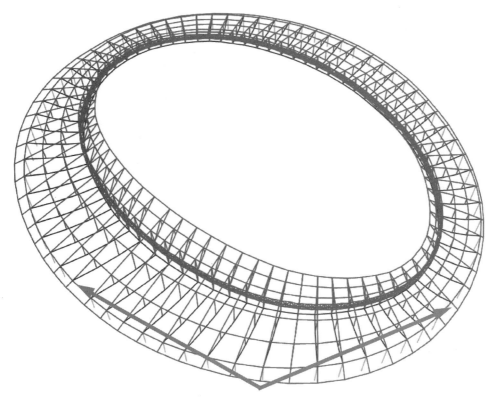

图 4.29 框架柱拆除位置示意图

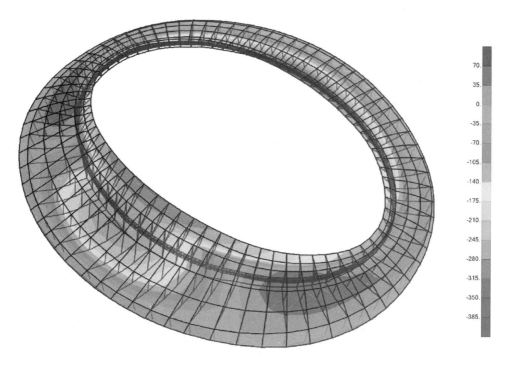

图 4.30 恒＋活标准值下屋盖竖向位移（单位：mm）

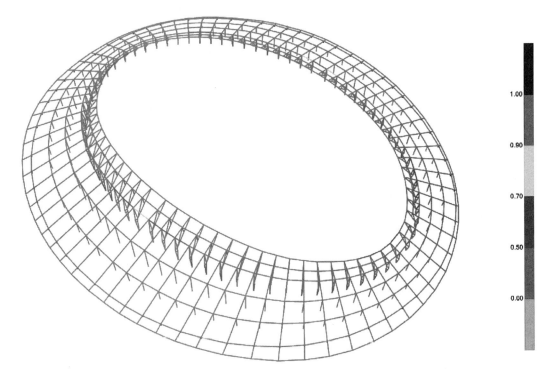

图 4.31　屋盖应力结果比

柱承担。经过验算，个别支撑屋盖的框架柱失效时，上部屋盖钢结构强度均满足要求，不会发生连续倒塌。以上分析表明，结构主楼自身具有多重重力荷载传递路径。在发生局部结构构件失效的情况下，重力荷载可以通过其他路径向下传递，破坏不会沿水平或竖向大范围发展，避免了结构发生连续破坏。

　　假定个别径向索失效，如图 4.32 所示。相应的恒载作用下变形图和应力比云图如图 4.33、图 4.34 所示，个别径向索失效引起的屋盖位移响应并不明显，原因是屋盖环梁刚度较大，可以将被移除径向索所承担的荷载，转换到附近的构件上。经过验算，个别径向索失效时，上部屋盖钢结构强度均满足要求，不会发生连续倒塌。

4.6.5　结论

　　以上分析表明，在爆炸作用或冲击荷载作用下，屋盖自身及支承屋盖的框架柱具有多重重力荷载传递路径。在发生局部结构构件失效的情况下，重力荷载可以通过其他路径向下传递。破坏不会沿水平或竖向大范围发展，从而导致结构发生连续破坏，满足规范关于结构抗连续倒塌的设计要求。

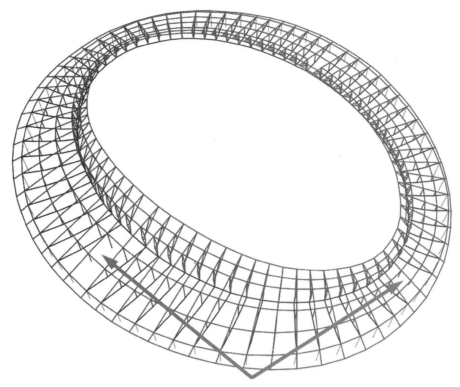

图 4.32　径向索拆除位置示意图

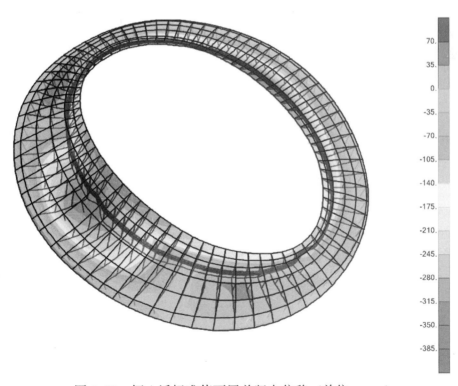

图 4.33　恒＋活标准值下屋盖竖向位移（单位：mm）

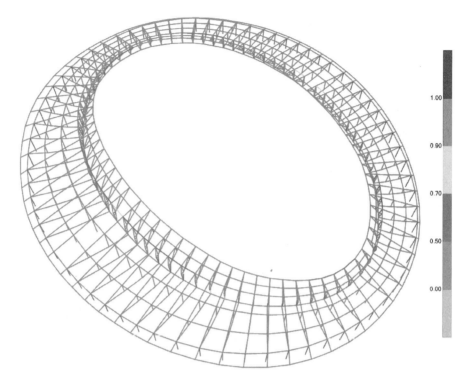

图 4.34　屋盖应力结果比

第 5 章

非对称车辐式索承空间
结构施工模拟分析

5.1　设计阶段进行施工模拟分析的必要性和目的

非对称车辐式索承空间结构在索网施加预应力前，整体的刚度较小，需要通过密布的胎架来支撑整个屋盖结构。在索网结构施加预应力的过程中，存在多个重难点问题，如索网的铺展、索网的提升和安装、斜向支撑杆件的安装、张拉全过程的计算模拟、索网的张拉、胎架受力计算与控制等。在上述复杂施工过程中，有无杆件应力超过限值、是否变形过大等问题，均需要在设计阶段加以验证，以保证结构施工过程中和使用期的安全，同时避免施工阶段由于施工方案的原因使结构设计产生过大的修改，影响设计意图的实现，完善空间结构的初始预应力状态设计。通过设计阶段计算分析，可以较精确地计算出结构构件在施工全过程的应力大小，以及预应力索在张拉过程中的应力大小，保证施工过程的安全性和施工监测的预见性。

通过设计阶段的施工模拟分析可以使设计单位和施工单位互动，确定合理的施工方案，保证项目顺利实施，因此施工模拟分析是非对称索承空间结构设计中极其重要的工作。施工过程中会使结构经历不同的初始几何形态和预应力状态，实际施工过程中加载方式、加载次序及加载量级必须和结构设计意图吻合，且在实际施工中应严格遵守。

施工模拟分析除了用于初始预应力状态分析外，还有下述作用：验证张拉方案的可行性，确保张拉过程的安全；给出每步张拉的钢索张拉力大小，为实际张拉力值的确定提供理论依据；给出每步张拉的结构变形及应力分布，为张拉过程中的变形及应力监测提供理论依据；根据计算出来的张拉力大小，选择合适的张拉机具，并设计合理的张拉工装；确定合理的张拉顺序。

针对以上问题，结合已有的施工方法，以第七届世界军运会主赛场体育场屋盖为例，从索网地面铺展、提升到索系的张拉进行了详细的技术分析和施工模拟。确定采用密闭索高效展索工具进行展索，确定以"同形态＋垂直投影内偏＋多循环"的施工技术完成地面环索展索、索夹安装和索网对接的施工；采用"垂直提升为主，径向索斜提辅助控制空间位形""分区六步循环提升"的方法完成索网的提升，施工过程中索网的空间位形控制效果好、提升效率和安全性较高；采用"基于有限元分析，结合 BIM 技术＋3D 扫描技术"的索网提升碰撞分析技术，控制和解决索网提升过程中的碰撞问题；采用"3D扫描＋斜撑早装"的斜撑杆加工安装技术，环桁架斜向撑杆在拉索张拉至斜撑杆安装态后，采用3D扫描技术采集钢屋盖实际参数，精准控制斜撑杆加工尺寸，采用高空焊接早装的施工方法，避免斜撑在拉索索力张拉至100％后安装，则斜撑会成为不受力的零杆，施工完成后的结构无法满足设计要求的问题；索网张拉采用"对称、分级、分批、同步张拉"的施工技术，对"力"和"形"实行双控，保证索力和结构空间位形的控制精度。通过与施工设计互动，形成了整套的"体育场非对称车辐式（环向悬臂）索承网格结构屋盖拉索施工技术"。

该施工技术实现了第七届世界军运会主赛场体育场屋盖结构设计意图，保障了施工安全，加快了施工进度，为工程的顺利实施提供了技术保障，对于解决提升过程中索体与钢结构胎架碰撞的问题有明显的优点，为类似体育场馆、会展等工程中的大跨度索承网格结构设计与施工提供了很好的借鉴及指导。

5.2　施工方案假定

设计合理选取初始预张力后，通过与施工单位沟通假定合理的吊装张拉工艺，控制支撑构件及屋面的侧向变形及竖向挠度，尽量减小重复张拉次数，确保施工顺序顺利进行。下面以第七届世界军运会主赛场体育场屋盖为例，说明在设计阶段吊装方案的设计过程和要点。

该项目吊装施工遇到的主要问题有：

（1）环型密闭索质量大、长度大，展索时索网内力大。索网的展铺工作该如何高效进行，怎样的索网地面拼装形态能够减少对提升时索网空间形态的影响？

（2）如何快速、安全地完成索网的提升和索夹安装，并保证索网提升过程中空间位形能够得到很好的控制？

（3）如何控制及解决索网提升过程中索网与结构、支撑胎架的碰撞问题？

斜向支撑杆件实际安装尺寸确定困难，安装难度大，斜撑杆安装后杆件内力难以控制，为实现设计预定的受力状态，采取哪种措施解决？

（4）采取何种张拉方式能够确保索网整体形态和索力值达到设计的初始预应力状态。

针对上述问题，通过学习国内外相关技术资料，开发出如下施工技术措施：

（1）采用密闭索高效展索工具进行展索，确定以"同形态＋垂直投影内偏＋多循环"的施工技术完成地面环索展索、索夹安装和索网对接的施工。

（2）采用"垂直提升为主，径向索斜提辅助控制空间位形""分区六步循环提升"的方法完成索网的提升工作。施工过程中索网的空间位形控制效果好、提升效率和安全性较高。

（3）采用"基于有限元分析，结合 BIM 技术＋3D 扫描技术"的索网提升碰撞分析技术，控制和解决索网提升过程中的碰撞问题。

（4）采用"3D 扫描＋斜撑早装"的斜撑杆加工安装技术，环桁架斜向撑杆在拉索张拉至斜撑杆安装态后，采用 3D 扫描技术采集钢屋盖实际参数，精准控制斜撑杆加工尺寸。采用高空焊接早装的施工方法，避免斜撑在拉索索力张拉至 100％后安装，否则斜撑会成为不受力的零杆，施工完成后的结构将不能满足设计要求的问题。

（5）索网张拉采用"对称、分级、分批、同步张拉"的施工技术，实行"力"和"形"双控，保证索力和结构空间位形的控制精度。

在以上分析的基础上，设计阶段将其假定成以下施工步骤，以此展开施工模拟计算分析。

（1）土建施工完成后，架设钢结构支撑胎架；（2）分块吊装钢结构，其中撑杆与钢结构一起完成吊装作业；（3）展索，铺设环索、径向索及索夹；（4）径向索预紧完成后，开始安装内环桁架及撑杆；（5）分批、分级、对称张拉径向索至目标索力；（6）拆除支撑胎架，结构成形。分析模型施工模拟过程如图 5.1 所示。

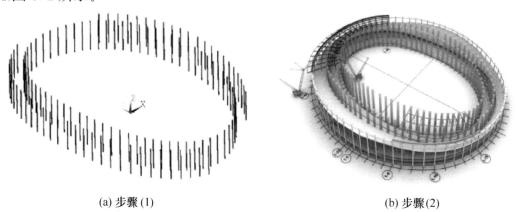

(a) 步骤(1)　　　　　　　　(b) 步骤(2)

图 5.1　分析模型施工模拟过程（一）

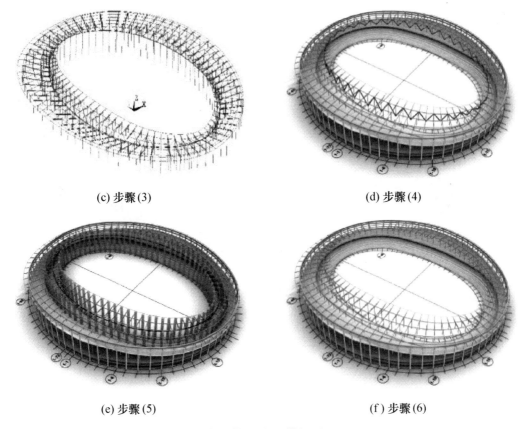

(c) 步骤(3)　　　　　　　　　　　　　(d) 步骤(4)

(e) 步骤(5)　　　　　　　　　　　　　(f) 步骤(6)

图 5.1　分析模型施工模拟过程（二）

5.3　吊装过程施工模拟分析

根据 5.2 节假定的施工方案，以第七届世界军运会主赛场体育场屋盖为例，说明吊装过程施工模拟分析的方法和步骤[20]。

根据吊装设备性能及内隔板位置，外环梁分段总共分为 72 段，每段长度为一个柱间距，分段点为径向轴线顺时针方向 1.5m 的位置，环梁分段如图 5.2 所示。

径向构件包括径向梁和单片桁架，在地面预拼装后吊装，跨度较大的中间设置胎架分两批吊装，跨度较小的整体吊装，两种吊装方案分别如图 5.3、图 5.4 所示。径向梁吊装最不利工况为不设中间胎架，整体吊装，吊装长度约 29m，设置 4 个吊点。经验算，径向梁最大变形为 27mm$<L/400=72.5$mm，最大应力为 96MPa，均满足规范要求。

图 5.2　环梁分段示意图

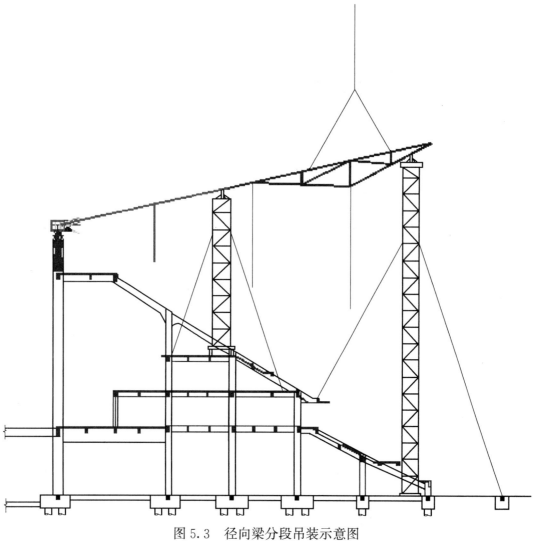

图 5.3　径向梁分段吊装示意图

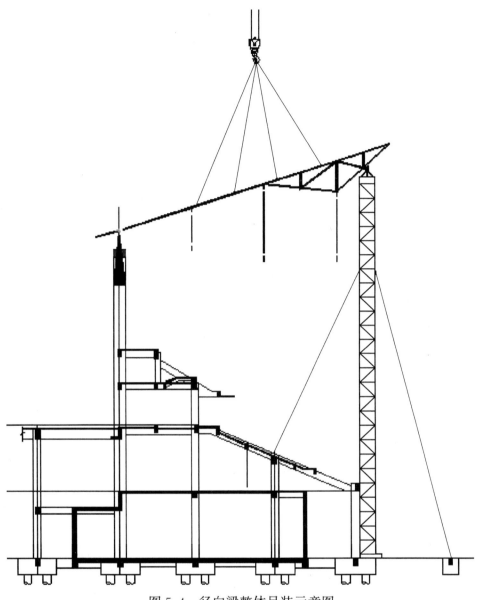

图 5.4　径向梁整体吊装示意图

　　根据钢结构屋盖的结构体系，结合总体安装思路，用有限元分析软件 MI-DAS Gen 建立施工过程分析模型，分析主要安装阶段对应的应力与变形，吊装主要过程模型如图 5.5 所示。由各吊装施工阶段分析可知，结构应力和位移的最不利工况为完全卸载后均，结构杆件产生最大的拉应力 59MPa，最大压应力 96MPa，满足《钢结构设计标准》GB 50017—2017 关于强度的要求；最大竖向位移为 30mm，满足规范关于挠度的要求。结构在各施工阶段及安装完成后，应力均较小，有较大的安全储备。应力和位移云图如图 5.6、图 5.7 所示。

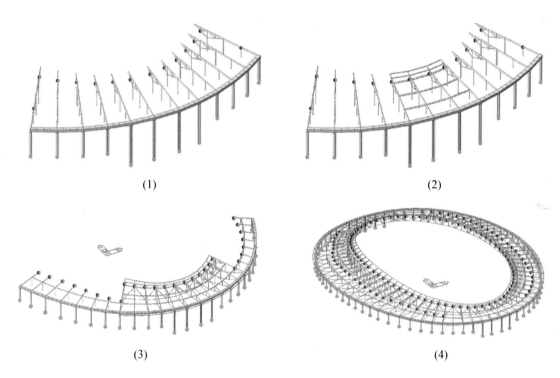

(1) (2)

(3) (4)

图 5.5 屋盖吊装过程示意图

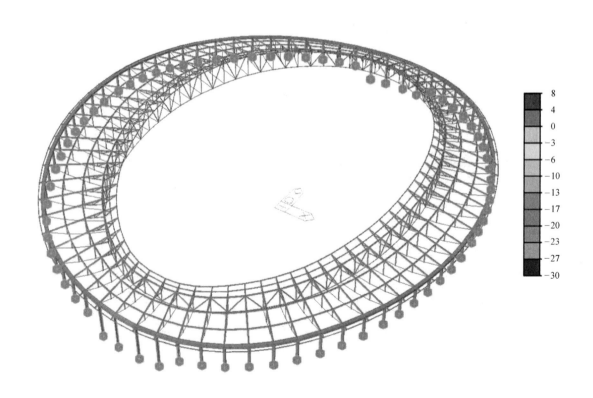

	8
	4
	0
	-3
	-6
	-10
	-13
	-17
	-20
	-23
	-27
	-30

图 5.6 屋盖施工模拟位移云图

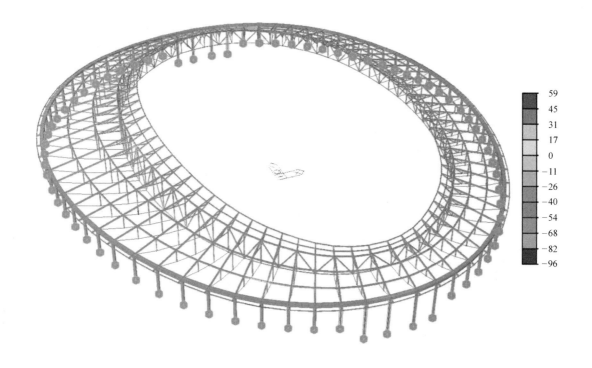

图 5.7 屋盖施工模拟应力云图

5.4 索系张拉方案施工模拟分析

设计合理选取初始张拉力，施工单位制订相应的合理张拉工艺，控制支撑构件及屋面的侧向变形及竖向挠度，尽量减小重复张拉次数，确保施工顺序顺利进行。初始预拉力控制原则：拉索初始张拉应力控制在 $(0.1\sim0.25)f_{ptk}$ 之间，以第七届世界军运会主赛场体育场屋盖为例，说明索系张拉方案施工模拟分析。

由环索和径向索组成的索网采用垂直提升为主、径向索斜提辅助控制空间位形的组合提升方法，其具体实施步骤如下：

（1）将环索和径向索全部在看台上展开并且组装完成，安装所有拉索索夹。

（2）根据对称张拉原则，选择一半环索索夹节点作为索网整体提升的垂直提升吊点，安装垂直提升工装。

（3）将环索索夹节点剩余的一半节点作为径向斜拉吊点，安装径向斜提工装，垂直提升吊点的径向索依附于整体索网跟随提升。

（4）进行柔性索网的整体提升作业，以垂直提升吊点带动索网整体向上移动，径向斜提吊点保持紧绷状态，见图5.8。提升过程中的主要作用是调节索网位形，使索网从脱胎至提升就位过程中能够保持位形稳定，防止索网与胎架、混凝土结构发生硬碰撞，保证索网结构的整体形态完整性，索形态要保证一致。

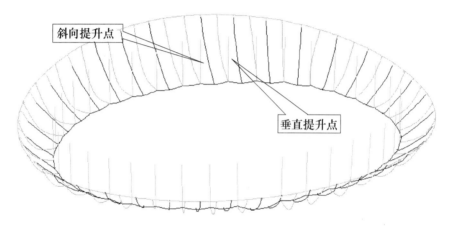

图5.8　索网整体组合提升方法示意图

（5）提升过程中遵循"分区六步循环提升"，具体实施方法为：将环索整体划分为3大区域8小分部。组合提升过程分为6步循环进行，称为索网组合提升的6步循环法：区域Ⅰ的垂直提升点垂提→区域Ⅱ的径向斜提索张紧→区域Ⅲ垂直提升点垂提→区域Ⅲ径向斜提索张紧→区域Ⅱ的垂直提升点开始垂提→区域Ⅰ径向斜提点开始斜提。分区示意见图5.9。

（6）柔性索网整体提升环索索夹距离撑杆下端节点约50cm时，开始进行环索索夹与撑杆的连接安装作业。

（7）环索索夹安装过程中，流水进行径向索索夹的安装作业，径向索索夹的安装作业应落后环索索夹2个以上的轴线号，安装顺序为由内场索夹向外场索夹进行，最后将径向索安装至环梁节点处。

施工全过程模拟分析采用有限元分析软件MIDAS Gen，采用施工步模拟进行一步一步展开计算分析，钢结构临时支撑（胎架）采用只受压单元，屋面构件采用梁单元，预应力钢索采用只受拉索单元，部分铰接节点采用梁端释放

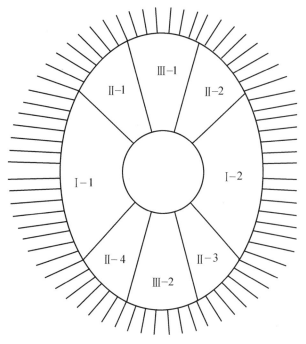

图 5.9 索网整体分区示意图

约束来实现。主要荷载包括结构自重（软件自动计算）、预应力钢索自重（软件自动计算）和索夹重量，索夹重量 $g = 20$kN，通过设置初拉力来模拟预应力索张拉，通过施加温度荷载使工装索变短，实现索提升。

索系安装采用径向索整体提升的方案，共 72 根径向拉索，分成两批提升，第一批共有 38 根径向拉索，第二批共有 34 根径向拉索。张拉径向索，采用多点同步、分级张拉的整体张拉方案，径向索分级、同时同步、循环张拉，环向索被动张拉提升，索张拉如图 5.10 所示。

预应力索安装施工流程为：（1）索系地面铺放与拼装；（2）第一组径向索整体提升；（3）第一组径向索索头就位；（4）径向索施加 30％初拉力，使第一组径向索与相应的撑杆连接；（5）按以上步骤安装第二组径向索；（6）边张拉、边就位环索索夹，直到环索索夹全部与撑杆相连；（7）张拉完成后，拆除钢结构临时支撑架。

根据索张拉流程，采用有限元分析软件 MIDAS Gen 建立施工过程分析模型，具体施工过程如下：

根据结构非对称的特点分批次张拉拉索，将拉索张拉分为 6 个阶段：预紧（约 10％）、30％、50％、70％、90％、100％，和 6 个批次循环张拉。

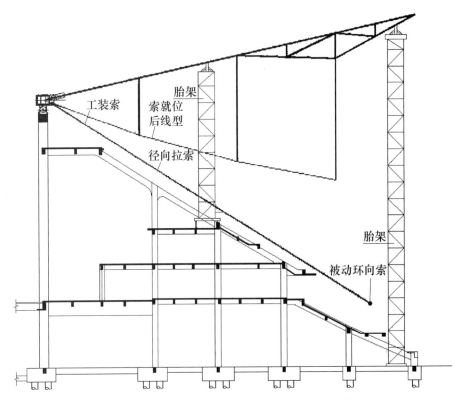

图 5.10　索张拉示意图

第 1 步：径向索全部预紧；

第 2 步：张拉第一批径向索至 30%；

第 3 步：张拉第二批径向索至 30%；

第 4 步：张拉第三批径向索至 30%；

第 5 步：张拉第四批径向索至 30%；

第 6 步：张拉第五批径向索至 30%；

第 7 步：张拉第六批径向索至 30%；

第 8 步：单双排支架交界处支撑钢管割 1cm，并塞垫 2mm 钢片；

第 9～14 步：依次张拉第六、五、四、三、二、一批径向索至 50%；

第 15 步：单双排支架交界处支撑钢管割 2cm；

第 16～21 步：依次张拉第一、二、三、四、五、六批径向索至 70%；

第 22 步：单双排支架交界处支撑钢管割 3cm；

第 23～28 步：依次张拉第六、五、四、三、二、一批径向索至 90%；

第 28～33 步：依次张拉第一、二、三、四、五、六批径向索至 100%；

第34步：拆除全部支架，结构成型。

设计时将上述施工步骤简化为6个工况进行施工模拟分析，具体如下：

工况1：第一批径向索索头就位，撑杆未连接；

工况2：第一批径向索施加30%初拉力，使其与撑杆连接；

工况3：72根径向索与撑杆连接，第二批径向索施加30%初拉力值；

工况4：72根径向拉索施加70%初拉力；

工况5：72根径向索全部施加初拉力至100%，带有临时钢结构支撑架；

工况6：临时钢结构支撑架拆除。

各工况下的内力和变形如表5.1所示，通过各工况下的施工模拟分析计算结果可知：（1）环索索夹未就位竖向位移较大，环索在边张拉边就位，张拉完，竖向位移趋于正常，结构位移局部下挠−51mm，拆除支撑架后，索内力重分布，导致竖向位移局部继续向下加大，局部位移向上变为反拱；（2）以上施工过程钢构件的最大应力为154MPa，满足规范要求应力限值。张拉完成后的计算结果见表5.1工况6。

索张拉施工模拟计算结果　　　　　　　表5.1

工况	X位移（mm）	Y位移（mm）	Z位移（mm）	索内力（kN）	钢构件应力（MPa）	支撑反力（kN）
1	466	712	−2840	500	71	—
2	274	635	−1137	1100	72	248
3	38	111	−561	1300	129	290
4	38	112	−505	1435	142	220
5	19	60	−51	1500	113	28
6	31	74	46/−146	1800	154	—

注：表中Z向位移负值表示垂直向下，正值表示垂直向上。

在体育场索承网格结构分批、分级、对称张拉施工全过程中，径向索张拉力见表5.2。

以30%张拉级为例，分批张拉力值见表5.3。

在张拉过程中，结构的变形如表5.4所示。

钢结构在施工过程中的最大等效应力如表5.5所示。

体育场施工全过程径向索张拉力值（kN）　　　　表 5.2

径向索编号	预紧	张拉至30%	张拉至50%	张拉至70%	张拉至90%	张拉至100%	落架
JXS1	79.85	222.75	374.30	554.61	633.55	807.33	788.23
JXS2	84.66	246.65	471.36	526.70	792.15	821.86	798.50
JXS3	68.20	190.68	262.57	456.56	586.81	682.29	660.82
JXS4	75.89	224.70	401.39	529.50	658.84	751.78	726.52
JXS5	74.99	204.91	313.70	513.36	668.50	757.29	727.88
JXS6	75.34	219.19	545.15	460.33	568.75	790.47	756.52
JXS7	83.61	238.76	348.37	509.96	836.69	854.10	813.00
JXS8	110.05	315.93	574.18	752.32	914.81	1169.10	1109.90
JXS9	112.54	320.68	596.54	741.39	934.67	1194.50	1128.40
JXS10	105.45	340.95	569.37	793.88	1033.90	1121.70	1068.40
JXS11	102.65	310.79	669.22	689.04	903.89	1146.70	1105.10
JXS12	88.91	266.45	401.23	581.92	760.56	990.42	974.99
JXS13	59.13	213.36	468.14	588.10	632.69	667.77	679.56
JXS14	100.95	347.60	551.10	844.10	986.12	1179.30	1239.40
JXS15	99.83	369.69	650.08	911.44	913.37	1143.00	1245.40
JXS16	144.19	489.47	776.11	1187.10	1201.23	1441.90	1506.90
JXS17	171.97	542.54	852.92	1185.20	1476.60	1609.50	1632.80
JXS18	159.25	489.70	779.94	1136.30	1383.70	1448.80	1457.00
JXS19	177.29	563.91	820.45	1114.20	1424.20	1555.40	1591.70
JXS20	128.81	390.80	762.04	1001.30	1090.84	1115.50	1191.40
JXS21	160.24	520.16	826.69	1087.90	1436.70	1548.50	1740.30
JXS22	102.13	372.95	622.52	865.59	880.52	1059.50	1310.00
JXS23	100.05	359.07	737.44	854.77	899.04	1047.00	1232.10

续表

径向索编号	预紧	张拉至30%	张拉至50%	张拉至70%	张拉至90%	张拉至100%	落架
JXS24	101.50	335.22	534.61	703.67	911.82	1058.90	1194.80
JXS25	74.33	235.90	480.62	646.94	711.90	775.97	856.05
JXS26	80.12	290.43	583.95	761.35	803.29	854.84	909.50
JXS27	103.10	324.68	509.61	703.91	973.31	1123.80	1156.80
JXS28	93.29	337.25	540.88	805.75	1017.70	1082.70	1077.20
JXS29	96.71	325.73	559.57	767.15	1002.00	1078.20	1053.20
JXS30	76.80	240.10	348.46	583.83	744.76	840.88	806.27
JXS31	63.96	215.77	426.29	534.31	678.88	723.16	684.40
JXS32	70.05	217.55	299.58	483.38	653.91	786.61	732.31
JXS33	71.08	209.54	380.83	539.76	662.85	824.77	761.23
JXS34	64.05	197.97	338.10	460.22	597.08	723.99	658.29
JXS35	78.65	236.03	400.00	565.78	729.58	924.56	840.57
JXS36	75.20	233.46	394.53	569.17	707.20	870.44	784.34
JXS37	74.18	238.52	402.62	590.15	719.85	870.55	784.31
JXS38	72.58	226.45	384.11	558.72	728.44	924.88	840.42
JXS39	58.19	200.60	363.62	469.48	599.23	724.41	658.08
JXS40	64.21	213.42	375.77	521.36	658.53	825.32	760.90
JXS41	62.51	226.12	300.64	518.63	659.44	787.04	731.92
JXS42	61.35	212.36	461.99	497.72	688.08	722.82	683.92
JXS43	79.01	243.38	373.71	658.25	734.23	837.49	805.24
JXS44	103.60	325.88	533.75	750.63	993.87	1071.40	1052.10
JXS45	105.31	331.34	586.62	812.70	1024.50	1071.00	1075.70
JXS46	116.05	353.38	519.32	722.43	968.38	1113.80	1155.30

续表

径向索编号	预紧	张拉至30%	张拉至50%	张拉至70%	张拉至90%	张拉至100%	落架
JXS47	87.92	289.57	575.01	766.21	808.87	844.52	907.93
JXS48	79.66	239.96	512.87	607.29	677.09	761.27	855.32
JXS49	106.76	333.24	530.39	715.02	909.12	1043.30	1211.80
JXS50	103.38	347.39	715.68	856.74	939.68	987.60	1209.80
JXS51	101.75	347.51	643.73	873.57	929.71	1037.00	1310.40
JXS52	148.75	472.48	804.61	1093.50	1408.90	1441.10	1710.10
JXS53	123.58	364.49	741.41	995.68	1108.75	1092.50	1210.10
JXS54	177.09	503.03	791.48	1121.60	1472.30	1516.50	1588.80
JXS55	158.14	471.19	744.87	1144.90	1160.57	1427.10	1454.30
JXS56	179.02	521.43	822.37	1203.80	1508.50	1598.60	1630.20
JXS57	149.84	482.85	713.01	1213.30	1255.97	1441.30	1505.00
JXS58	119.26	378.42	547.88	919.00	1150.60	1154.70	1244.00
JXS59	115.00	367.41	651.68	868.55	1100.50	1184.00	1238.20
JXS60	63.83	212.48	411.61	598.68	640.14	666.03	678.85
JXS61	91.65	307.52	406.96	588.36	772.00	984.82	974.09
JXS62	111.06	321.06	526.32	713.35	928.43	1138.90	1104.20
JXS63	115.56	360.17	598.37	834.93	1074.50	1114.20	1067.80
JXS64	123.94	344.91	551.49	776.50	920.00	1188.00	1127.80
JXS65	121.46	338.02	463.37	714.09	1098.90	1165.50	1109.30
JXS66	89.68	248.66	567.87	653.94	696.14	853.45	812.44
JXS67	78.82	220.94	338.36	479.15	616.02	790.85	756.28
JXS68	73.15	216.31	314.41	446.75	667.77	757.83	727.75
JXS69	73.81	218.34	374.37	543.78	669.29	752.33	726.41

续表

径向索编号	预紧	张拉至30%	张拉至50%	张拉至70%	张拉至90%	张拉至100%	落架
JXS70	67.01	215.42	315.67	478.31	594.61	682.71	660.75
JXS71	82.69	219.06	446.04	515.93	739.73	822.19	798.44
JXS72	83.08	239.35	329.91	562.03	724.66	807.47	788.22
HS	1290.20	3880.90	6557.30	9327.70	—	14849.00	13977.00

径向索分批张拉力值表（kN）（30%）　　表 5.3

径向索编号	张拉至30%	第一批次	第二批次	第三批次	第四批次	第五批次	第六批次
JXS1	222.75	222.75	—	—	—	—	—
JXS2	246.65	—	—	—	246.65	—	—
JXS3	190.68	—	190.68	—	—	—	—
JXS4	224.70	—	—	—	—	224.70	—
JXS5	204.91	—	—	204.91	—	—	—
JXS6	219.19	—	—	—	—	—	219.19
JXS7	238.76	238.76	—	—	—	—	—
JXS8	315.93	—	—	—	315.93	—	—
JXS9	320.68	—	320.68	—	—	—	—
JXS10	340.95	—	—	—	—	340.95	—
JXS11	310.79	—	—	310.79	—	—	—
JXS12	266.45	—	—	—	—	—	266.45
JXS13	213.36	213.36	—	—	—	—	—
JXS14	347.60	—	—	—	347.60	—	—
JXS15	369.69	—	369.69	—	—	—	—
JXS16	489.47	—	—	—	—	489.47	—

径向索编号	张拉至30%	第一批次	第二批次	第三批次	第四批次	第五批次	第六批次
JXS17	542.54	—	—	542.54	—	—	—
JXS18	489.70	—	—	—	—	—	489.70
JXS19	563.91	563.91	—	—	—	—	—
JXS20	390.80	—	—	—	390.80	—	—
JXS21	520.16	—	520.16	—	—	—	—
JXS22	372.95	—	—	—	—	372.95	—
JXS23	359.07	—	—	359.07	—	—	—
JXS24	335.22	—	—	—	—	—	335.22
JXS25	235.90	235.90	—	—	—	—	—
JXS26	290.43	—	—	—	290.43	—	—
JXS27	324.68	—	324.68	—	—	—	—
JXS28	337.25	—	—	—	—	337.25	—
JXS29	325.73	—	—	325.73	—	—	—
JXS30	240.10	—	—	—	—	—	240.10
JXS31	215.77	215.77	—	—	—	—	—
JXS32	217.55	—	—	—	217.55	—	—
JXS33	209.54	—	209.54	—	—	—	—
JXS34	197.97	—	—	—	—	197.97	—
JXS35	236.03	—	—	236.03	—	—	—
JXS36	233.46	—	—	—	—	—	233.46
JXS37	238.52	238.52	—	—	—	—	—
JXS38	226.45	—	—	—	226.45	—	—
JXS39	200.60	—	200.60	—	—	—	—

续表

径向索编号	张拉至30%	第一批次	第二批次	第三批次	第四批次	第五批次	第六批次
JXS40	213.42	—	—	—	—	213.42	—
JXS41	226.12	—	—	226.12	—	—	—
JXS42	212.36	—	—	—	—	—	212.36
JXS43	243.38	243.38	—	—	—	—	—
JXS44	325.88	—	—	—	325.88	—	—
JXS45	331.34	—	331.34	—	—	—	—
JXS46	353.38	—	—	—	—	353.38	—
JXS47	289.57	—	—	289.57	—	—	—
JXS48	239.96	—	—	—	—	—	239.96
JXS49	333.24	333.24	—	—	—	—	—
JXS50	347.39	—	—	—	347.39	—	—
JXS51	347.51	—	347.51	—	—	—	—
JXS52	472.48	—	—	—	—	472.48	—
JXS53	364.49	—	—	364.49	—	—	—
JXS54	503.03	—	—	—	—	—	503.03
JXS55	471.19	471.19	—	—	—	—	—
JXS56	521.43	—	—	—	521.43	—	—
JXS57	482.85	—	482.85	—	—	—	—
JXS58	378.42	—	—	—	—	378.42	—
JXS59	367.41	—	—	367.41	—	—	—
JXS60	212.48	—	—	—	—	—	212.48
JXS61	307.52	307.52	—	—	—	—	—
JXS62	321.06	—	—	—	321.06	—	—

径向索编号	张拉至30%	第一批次	第二批次	第三批次	第四批次	第五批次	第六批次
JXS63	360.17	—	360.17	—	—	—	—
JXS64	344.91	—	—	—	—	344.91	—
JXS65	338.02	—	—	338.02	—	—	—
JXS66	248.66	—	—	—	—	—	248.66
JXS67	220.94	220.94	—	—	—	—	—
JXS68	216.31	—	—	—	216.31	—	—
JXS69	218.34	—	218.34	—	—	—	—
JXS70	215.42	—	—	—	—	215.42	—
JXS71	219.06	—	—	219.06	—	—	—
JXS72	239.35	—	—	—	—	—	239.35

结构在预应力施工过程中的竖向变形 表5.4

施工工况	竖向位移(mm)	
	$+Z$	$-Z$
gk1	5.30	−17.65
gk2	11.906	−23.473
gk3	22.221	−36.892
gk4	28.868	−44.672
gk5	35.867	−52.062
gk6	35.803	−50.366
gk7	43.218	−151.398

钢结构最大等效应力表   表 5.5

施工工况	钢结构最大等效应力（MPa）
gk1	39.943
gk2	52.851
gk3	73.301
gk4	93.876
gk5	111.406
gk6	107.424
gk7	145.509

根据施工过程分析结果，胎架内力会不断变化，表 5.6 给出各工况下的内外胎架最大压力，最大压力基本都出现在单、双排胎架转换的位置。

各工况下胎架最大压力   表 5.6

施工工况	胎架最大压力（kN）
gk1	83.787
gk2	1000
gk3	1330
gk4	1470
gk5	1390
gk6	1800
gk7	—

为了对比分析，将上述分级张拉改为一次张拉，施工模拟工况为。

工况 1：径向索索头就位，撑杆未连接；

工况 2：第一批径向索张拉至 100% 初拉力值，与撑杆连接；

工况 3：第二批径向索张拉至 100％初拉力值，与撑杆连接，带有临时钢结构支撑架；

工况 4：临时钢结构支撑架拆除。

第二种张拉方案的内力和变形如表 5.7 所示，由表中数据可知，钢构件和索内力最大值出现在第一批张拉完成后，待两批索张拉完成后内力均有所降低；与表 5.1 中数据相比，张拉完成后的内力和变形基本一致。

索张拉施工模拟计算结果

表 5.7

工况	X 位移 (mm)	Y 位移 (mm)	Z 位移 (mm)	索内力 (kN)	钢构件应力 (MPa)	支撑反力 (kN)
1	274	640	−1130	1000	89	—
2	210	520	−916	2060	161	280
3	20	60	−51	1510	113	28
4	31	74	46/−146	1820	154	—

张拉完成后，部分钢构件脱离支撑胎架，部分钢构件会继续往下发生变形（拆除胎架后），这主要是由于建筑外形位置引起的，屋盖张拉完成后在钢结构自重作用下的平衡态在建筑外形允许变化的范围内，同时也满足规范关于位移控制的要求，索内力满足设计控制的初拉力要求。

通过有限元分析软件对第七届世界军运会主赛场体育场屋盖进行施工模拟分析，可以得到以下几点结论：

（1）钢屋盖吊装完成，索未张拉前，对于跨度较大的径向梁，需要增加中间支撑胎架，这样能降低吊装过程中构件的应力和安装完后构件的变形。

（2）按照预定的钢屋盖吊装方案，经计算模拟分析，吊装过程构件内力和变形均满足规范要求。

（3）索张拉采取张拉径向索，环向索被动提升的方案，张拉过程中索内力未出现突变情况。

（4）通过两种索张拉方案的比较分析，分批分级张拉流程钢构件和索的内力均能被整体计算包络住。而分批一次性张拉，最大索内力和钢构件应力发生在张拉过程中，需要根据张拉过程最大内力重新核算设计构件截面是否满足要求。另外从索头就位和撑杆连接的施工便利性方面考虑，索分批分级张拉方案更合适。

综上所述，体育场屋盖构件和索的设计截面除了能满足使用过程中的要求外，还能保证施工过程中的安全性。从分析结果可以知道，设计阶段进行施工模拟分析很重要，施工方案对施工过程构件受力有很大影响。

参 考 文 献

[1] 李治，涂建. 不对称大跨度车辐式索承空间结构：CN 112746675 B [P]. 2022-03-01.

[2] 李治等. 第七届世界军运会主赛场结构关键技术：2020-S-054 [R]. 武汉：中信建筑设计研究总院有限公司，2021.

[3] 李治，涂建. 一种节点无滑移连续折线下弦径向索结构：CN 110714567 B [P]. 2021-03-23.

[4] 李治，涂建. 一种车辐式索承网格钢结构初始预应力状态的设计方法：CN 111350276 B [P]. 2021-05-28.

[5] 李治，王红军，涂建，等. 第七届世界军运会主赛场车辐式索承网格钢结构屋盖设计 [J]. 建筑结构，2019，49（12）：53-58.

[6] 中华人民共和国住房和城乡建设部. 建筑结构可靠性设计统一标准：GB 50068—2018 [S]. 北京：中国建筑工业出版社，2018.

[7] 中华人民共和国住房和城乡建设部. 建筑抗震设计规范：GB 50011—2010（2016 年版）[S]. 北京：中国建筑工业出版社，2010.

[8] 中华人民共和国住房和城乡建设部. 建筑结构荷载规范：GB 50009—2012 [S]. 北京：中国建筑工业出版社，2012.

[9] 中华人民共和国国家质量监督检验检疫总局. 中国地震动参数区划图：GB 18306—2015 [S]. 北京：中国标准出版社，2015.

[10] 邹良浩. 东西湖体育场风洞试验与抗风性能分析 [R]. 武汉：武汉大学结构风工程研究所，2017.

[11] 中华人民共和国住房和城乡建设部. 钢结构设计标准：GB 50017—2017 [S]. 北京：中国建筑工业出版社，2017.

[12] 中华人民共和国住房和城乡建设部. 索结构技术规程：JGJ 257—2012 [S]. 北京：中国建筑工业出版社，2012.

[13] 上海市建设和交通委员会. 建筑结构用索应用技术规程：DG/TJ08-019-2005 [S]. 上海：上海市建设和交通委员会，2005.

[14] 中国工程建设标准化协会. 铸钢节点应用技术规程：CECS 235：2008 [S]. 北京：

中国计划出版社，2008.

[15] 中华人民共和国住房和城乡建设部. 空间网格结构技术规程：JGJ 7—2010 [S].
      北京：中国建筑工业出版社，2010.

[16] 李治等. 东西湖体育中心体育场建筑工程抗震设计可行性论证报告：16123 [R].
      武汉：中信建筑设计研究总院有限公司，2017.

[17] MIDAS/Gen 用户使用手册：结构分析与设计 [Z/CP]. 北京：北京迈达斯技术有
      限公司，2016.

[18] 中华人民共和国住房和城乡建设部. 超限高层建筑工程抗震设防专项审查技术要点
      [Z]. 2015-05-21.

[19] 中华人民共和国住房和城乡建设部. 高层建筑混凝土结构技术规程：JGJ 3—2010
      [S]. 北京：中国建筑工业出版社，2010.

[20] 李治，王红军，涂建，等. 第七届世界军运会主赛场钢结构施工模拟分析 [J]. 建
      筑结构，2019，49（12）：59-62.